今すぐ使える かんたんEx

Excel 文書作成

［Excel 2016/2013/2010 対応版］

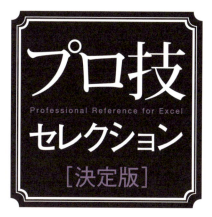

尾崎裕子　著

技術評論社

本書の使い方

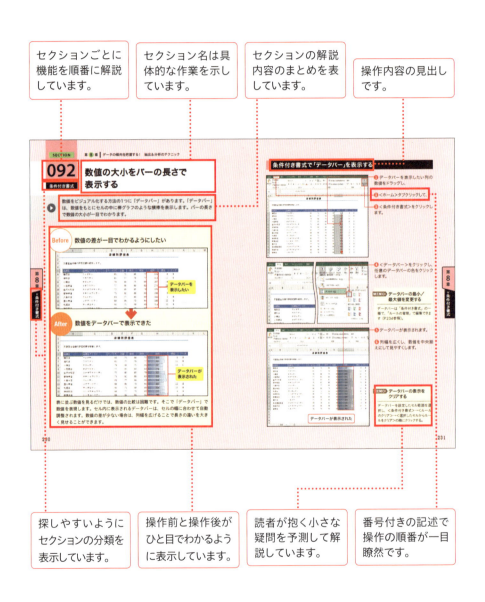

セクションごとに機能を順番に解説しています。

セクション名は具体的な作業を示しています。

セクションの解説内容のまとめを表しています。

操作内容の見出しです。

探しやすいようにセクションの分類を表示しています。

操作前と操作後がひと目でわかるように表示しています。

読者が抱く小さな疑問を予測して解説しています。

番号付きの記述で操作の順番が一目瞭然です。

サンプルファイルのダウンロード

本書の解説内で使用しているサンプルファイルは、以下のURLのサポートページからダウンロードできます。ダウンロードしたときは圧縮ファイルの状態なので、展開してからご利用ください。

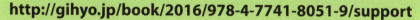

http://gihyo.jp/book/2016/978-4-7741-8051-9/support

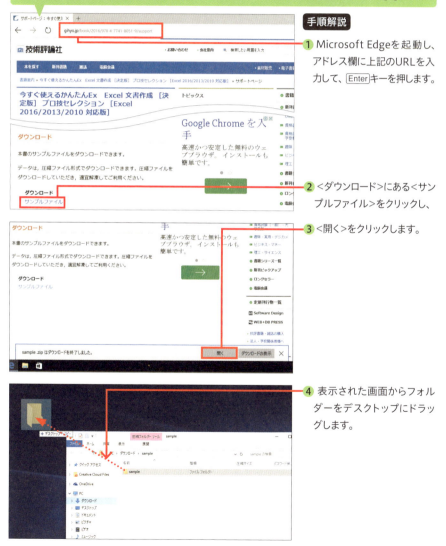

手順解説

1. Microsoft Edgeを起動し、アドレス欄に上記のURLを入力して、Enterキーを押します。

2. <ダウンロード>にある<サンプルファイル>をクリックし、

3. <開く>をクリックします。

4. 表示された画面からフォルダーをデスクトップにドラッグします。

Excelで作成できる文書とは

▶ エクセルでは、計算を含む見積書のほか、社外に向けたお知らせ文書、社内で共有する申請書など、あらゆる"書類"の作成ができます。

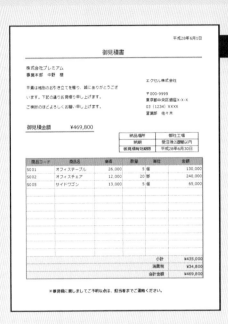

計算が必要な見積書

見積書や請求書、領収書など、計算が必要な書類の作成は、エクセルの得意とするところです。セルを利用して計算式を含む表を作成して、セルにタイトルや本文などの文字をバランスよく配置して仕上げます。

枠線の複雑な申込書

エクセルでは、セルを利用して罫線を引きますが、セルのサイズを変えたり、セルを結合したりすることで、複雑な枠組みの表も作成可能です。

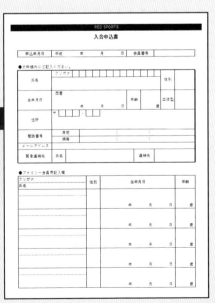

大量データの一覧表

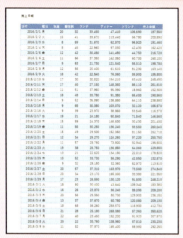

住所録や売上データなど、たくさんのデータをまとめた書類を作るには、データの入力から集計、印刷まで効率よく行う必要があります。入力を支援する関数や入力規則などを利用して作成します。

データが分析された報告書

エクセルには、データを集計したり、分析したりするさまざまな機能が用意されています。これらを利用して報告書の作成ができます。

コメントを利用した文書

紙の文書には、注意事項を書いたメモを貼り付けることがありますが、シートでも同じようなことができます。「コメント」を利用すれば、他の人と共有する文書がわかりやすくなります。

図形を利用した文書

図形や写真を自由に配置することができます。セルと図形を関連付ければ、文字の入れ替えもできます。図形を利用した文書もエクセルならではの使用方法です。

ビジネス文書の法則とは

▶ 「ビジネス文書」は、"情報の伝達や確認"のために必要な書類です。社内、社外に向けて情報を発信したり、提案したりするのに書類は欠かせません。また紙に印刷し、記録として残す目的もあります。

定型に従って文書を作る

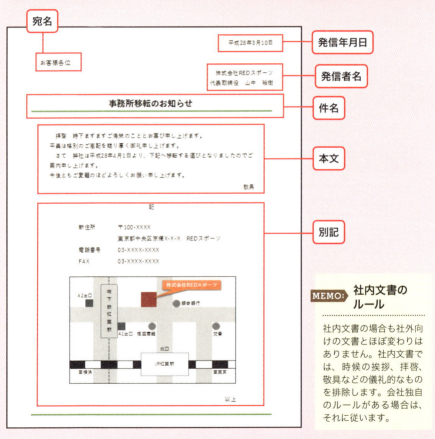

MEMO: 社内文書のルール

社内文書の場合も社外向けの文書とほぼ変わりはありません。社内文書では、時候の挨拶、拝啓、敬具などの儀礼的なものを排除します。会社独自のルールがある場合は、それに従います。

社外向けのビジネス文書には、ある程度決まった形があります。多くの人が見る文書は、特異な形式ではなく、よく見るいつもの形にすることで情報を正確に伝えることができます。ビジネス文書の一般的な形式を知ることは、書類作成を手際よく行うためにも重要です。

誤りのない文書を作る

計算して自動表示する

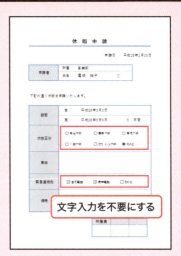

文字入力を不要にする

とくに社外に向けた書類に誤りは許されません。金額や日付などに間違いがあった場合、大きな損失を招くことにつながります。誤りを防ぐにはできるだけ手入力を少なくします。そのために、エクセルの計算機能や入力を支援する機能を活用します。

数字を入れて説得力のある文書を作る

数字をわかりやすく見せる

図形で目を引く文書にする

報告書や企画書は、明確な数字を提示すると説得力の向上につながります。グラフをはじめとするエクセルの分析機能は、数字をわかりやすく見せるのに適しています。さらに、図形と組み合わせることで目を引く文書に仕上がります。

Excelで文書作成のコツ①
～印刷機能を使いこなす

文書を見栄えよく仕上げるには、印刷時の設定が重要です。エクセルには作成した文書を用紙に収め、体裁よく印刷する機能が多数用意されています。これらの機能を理解した上で文書を作成しましょう。

用紙サイズと余白を決める

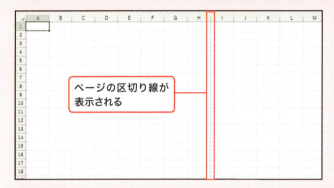

ページの区切り線が表示される

あらかじめ用紙サイズや余白などを設定（P.34参照）することで、シートにページの区切り線が表示されます。これを意識して文書を作成すれば、印刷時の調整がかんたんです。

拡大/縮小して印刷する

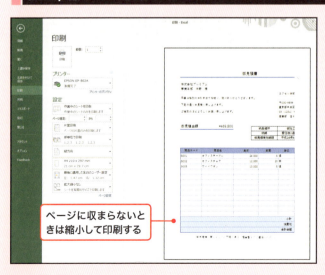

ページに収まらないときは縮小して印刷する

エクセルには文書をページに収めて印刷する機能があります。1ページに収めるために、わざわざセル幅や文字のサイズを調整する必要はありません。文書を用紙に合わせて縮小し、印刷することができます（P.322参照）。

シートの一部分を印刷する

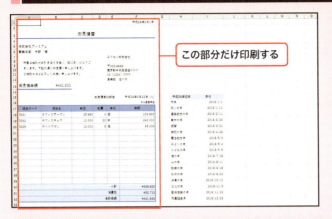

この部分だけ印刷する

エクセルの特徴である広大なシートには、文書以外にも関連する情報を集めておくことができます。このような場合は、必要な箇所だけ印刷します（P.318参照）。

大量のデータを読みやすく印刷する

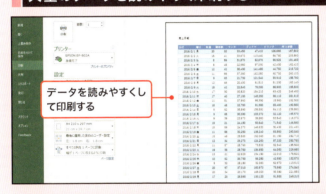

データを読みやすくして印刷する

複数ページに及ぶ長い表や細かい数値が並ぶ表は、できるだけ読みやすく印刷します。そのためのいろいろな機能も用意されています。表をテーブルに変換して1行おきに色を付けたり（P.246参照）、改ページ位置を指定したりします（P.328参照）。

すべてのページに必要な文字を印刷する

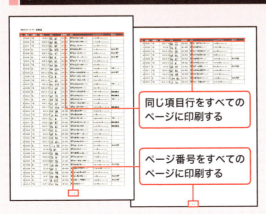

同じ項目行をすべてのページに印刷する

ページ番号をすべてのページに印刷する

1ページに収まらない表は、どのページにも項目行が印刷されるようにします（P.326参照）。そのほか、たとえば、ページ番号や会社名を、すべてのページに必要なものも印刷時に指定することができます（P.332参照）。

Excelで文書作成のコツ②
～列と行を使いこなす

エクセルのシートは、列と行に区切られています。これをうまく利用すれば、さまざまなレイアウトの文書を作成することができます。直感的な操作で文書を作成するために、列と行を使いこなす基本操作を確認しておきましょう。

列と行を使いこなす

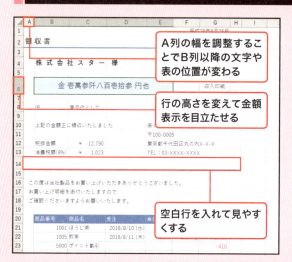

文書のレイアウトは、セルに文字や計算式などを入力したあと、全体を見て整えるのが効率的です。まず列の幅、行の高さを調整します。文字に合わせて幅や高さを調整しますが、全体の配置を整えるには空白の列や行の調整も重要です。

列の幅／行の高さを変える

列の幅、行の高さの基本的な変更方法は、列番号、行番号の境界線にマウスポインターを合わせてドラッグします。そのほか、文字数に合わせて自動調整したり、複数行／列をまとめて変更したりすることができます（P.46参照）。

列／行を挿入・削除する

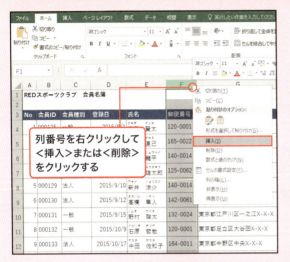

列、行は、必要に応じて挿入、削除します。その場合、列番号や行番号を右クリックし、メニューを表示して、＜挿入＞や＜削除＞をクリックします。

列／行を移動・コピーする

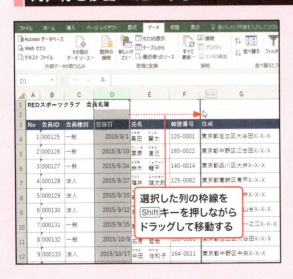

列や行の移動は、マウスのドラッグ操作でできます。しかし、この方法では、移動先のデータが上書きされ消えてしまいます。移動先に挿入するには、Shiftキーを押しながらドラッグします。コピーの場合は、ShiftキーとCtrlキーを押しながらドラッグします。

Excelで文書作成のコツ③
～画面表示を知る

シートの画面表示は、「標準ビュー」、「ページレイアウトビュー」、「改ページプレビュー」の3つがあります。エクセルの起動時は「標準ビュー」ですが、作業内容に合わせて切り替えれば効率アップにつながります。

画面の表示を切り替える

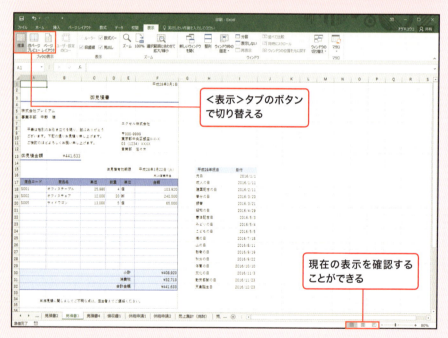

＜表示＞タブのボタンで切り替える

現在の表示を確認することができる

シートの表示方法は、＜表示＞タブで切り替えます。また、現在の表示は、画面下のボタンで確認することができます。ここから切り替えることもできます。

文書の作成は「標準ビュー」で行う

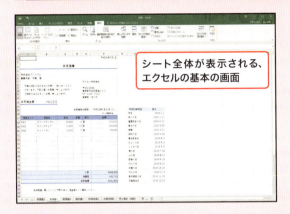

シート全体が表示される、エクセルの基本の画面

シート全体が切れ目なく表示されるのが「標準ビュー」です。ここで、入力や編集、グラフ作成、データ分析など、エクセルのさまざまな機能を利用します。ただし、印刷時のイメージは確認できません。

印刷範囲の確認は「改ページプレビュー」で行う

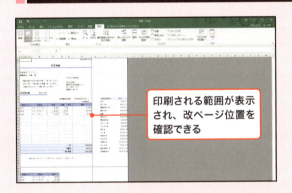

印刷される範囲が表示され、改ページ位置を確認できる

エクセルではとくに指定しなければ、入力済みのセルがすべて印刷の対象になります。その印刷対象を表示するのが「改ページプレビュー」です。改ページ位置（P.329参照）が表示されるので、どの部分が何ページに印刷されるかを確認することができます。なお、入力などの作業も可能です。

用紙を確認しながらの作業は「ページレイアウトビュー」で行う

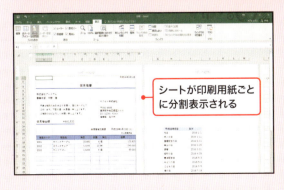

シートが印刷用紙ごとに分割表示される

シートを用紙ごとに分割して表示するのが「ページレイアウトビュー」です。「標準ビュー」と同じように、エクセルのいろいろな機能を使うことができ、印刷時の用紙イメージを確認しながら作業をすすめたいときに便利です。ヘッダー、フッターの挿入時には自動的に「ページレイアウトビュー」に切り替わります。

Excelで文書作成のコツ④
～「テーマ」で文書の印象は決まる

見た目の美しい文書は、文字のフォント、セルやグラフなどの色使いで決まります。これらを一括管理しているのは「テーマ」です。「テーマ」により文書全体の印象が決まります。

「テーマ」とは

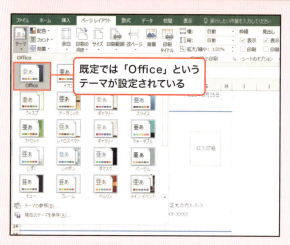

既定では「Office」というテーマが設定されている

「テーマ」は、文字のフォント、色、図形効果を組み合わせたもので、これにより既定のフォント、使える色が決まります。エクセルの起動時には「Office」というテーマが設定されています（エクセルのバージョンによりフォントや色は異なります）。もしここに使いたい色がない場合は、テーマを変更します。

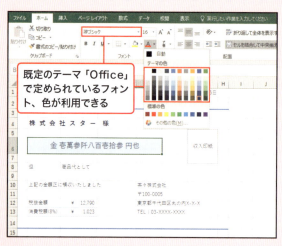

既定のテーマ「Office」で定められているフォント、色が利用できる

テーマを変更する

＜ページレイアウト＞タブの＜テーマ＞をクリックしてテーマを選ぶ

「テーマ」を変更すると、既定のフォント、使える色が変わります。作成済みの文書のテーマを変えた場合は、フォントや色が入れ替わり、文書全体の印象が大きく変わります。

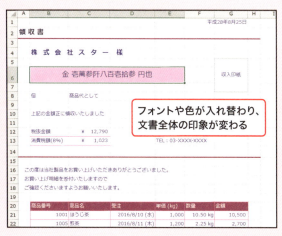

フォントや色が入れ替わり、文書全体の印象が変わる

MEMO: 配色だけ変えることもできる

「テーマ」は、既定のフォント、色、図形効果がセットになっていますが、それぞれ個別に変更することもできます。たとえば、フォントはそのままで色だけ変えたいという場合は、＜ページレイアウト＞タブの＜配色＞を変更します。

○ COLUMN ☑

色は「テーマの色」から選択する

＜フォントの色＞や＜塗りつぶしの色＞など、色を選択するとき「テーマの色」と「標準の色」を選ぶことができます。「標準の色」は、テーマに関係なく共通で使える色です。「テーマの色」は、テーマごとに異なります。作成済みの文書でテーマを変更すると、「テーマの色」から選んだ色がテーマに合わせて変わります。

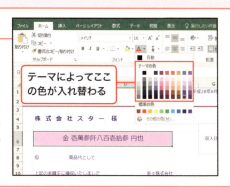

テーマによってここの色が入れ替わる

目次

第1章 知っておきたい！ Excel文書作成の基本テクニック

SECTION 001	用紙サイズと余白を設定する	34
SECTION 002	文書全体の「テーマ」を設定する	36
SECTION 003	文字を用紙の中央に配置する	38
SECTION 004	セルを結合して文章を入力する	40
SECTION 005	セル内の指定した位置で文章を改行する	42
SECTION 006	セル内の行間を整える	44
SECTION 007	行の高さや列の幅を整える	46
SECTION 008	縦や横の罫線を引く	48
SECTION 009	表全体の罫線を一括設定する	50
SECTION 010	表の罫線を消去する	52
SECTION 011	セルに関係なく文字を配置する	54
SECTION 012	セルに関係なく表を配置する	56
COLUMN	罫線の種類を変えて表を見やすく	58

CONTENTS

第 2 章　倍速で文書を作成する！　入力のテクニック

SECTION 013	上のセルと同じ文字を入力する	60
SECTION 014	横方向に移動してデータを入力する	62
SECTION 015	離れた複数セルにデータを入力する	64
SECTION 016	本日の日付を一瞬で入力する	66
SECTION 017	「0」から始まる数字を入力する	68
SECTION 018	箇条書きの(1)や(2)を入力する	70
SECTION 019	特殊な記号を入力する	72
SECTION 020	郵便番号から住所を入力する	74
SECTION 021	連続した番号を一瞬で入力する	76
SECTION 022	住所録の名前に「様」を自動的に付ける	78
SECTION 023	決まった文字を同じ順序で入力する	80
SECTION 024	入力時に自動で単語が表示されないようにする	82
SECTION 025	アドレスに付いたリンクを解除する	84
SECTION 026	漢字に自動的にフリガナを付ける	86
SECTION 027	項目の行を固定表示してデータを入力する	88
SECTION 028	重複データを削除する	90
COLUMN	ビジネス文書の書き出し	92

第3章 書式設定のテクニック
文書の見た目を整える！

SECTION 029	文字に色や太字を設定する	94
SECTION 030	セルを塗りつぶす	96
SECTION 031	セルのスタイルで文書を飾る	98
SECTION 032	文字をセルの縦横中央に配置する	100
SECTION 033	セル内で文字列を均等に配置する	102
SECTION 034	文字の先頭位置を変更する	104
SECTION 035	桁数の違う金額の「￥」を揃える	106
SECTION 036	小数点の位置を揃える	108
SECTION 037	数値に独自の単位を付ける	110
SECTION 038	マイナスの数値の表示形式を変更する	112
SECTION 039	和暦で日付を表示する	114
SECTION 040	日付に対応する曜日を表示する	116
SECTION 041	数値を漢字で表示する	118
SECTION 042	行や列を非表示にする	120
COLUMN	数値の右端が微妙にずれる原因	122

CONTENTS

第 **4** 章 複雑なレイアウトで作成する！
Excel方眼紙の テクニック

SECTION 043	シートを方眼紙として利用する	124
SECTION 044	列幅と行の高さを揃えて方眼紙を作成する	126
SECTION 045	方眼紙の列幅と行の高さを固定する	128
SECTION 046	方眼紙に複雑なレイアウトの表を作成する	130
SECTION 047	方眼紙にガントチャート表を作成する	132
SECTION 048	方眼紙に配置図を作成する	134
SECTION 049	方眼紙に地図を作成する	136
SECTION 050	方眼紙の地図を文書に貼り付ける	138
COLUMN	方眼紙を使うときに気をつけたいこと	140

第 **5** 章 誤入力を防止する！
定型文書の テクニック

SECTION 051	セルにコメントを付ける	142
SECTION 052	コメントを常に表示する	144
SECTION 053	入力時にメッセージを表示する	146
SECTION 054	特定のデータ以外を入力不可にする	148
SECTION 055	無効なデータにエラーメッセージを表示する	150
SECTION 056	セルに日本語入力のオン／オフを設定する	152
SECTION 057	選ぶだけで入力できるリストを設定する	154

019

SECTION 058	<開発>タブを表示する	156
SECTION 059	チェックボックスを作成する	158
SECTION 060	どれか1つが選べるオプションボタンを作成する	160
SECTION 061	必要箇所だけ入力可能にする	162
SECTION 062	シートを削除できないようにする	164
COLUMN	セルの読み上げ機能で誤入力を防ぐ	166

第6章 数値を集計して作成する！数式&関数のテクニック

SECTION 063	数式を入力する	168
SECTION 064	数式をコピーする	170
SECTION 065	数式で日付と曜日を表示する	172
SECTION 066	合計をすばやく計算する	174
SECTION 067	関数を入力する	176
SECTION 068	端数を処理する	178
SECTION 069	商品番号を入力して商品名を表示する	180
SECTION 070	数式のセルを絶対参照にして固定する	182
SECTION 071	計算結果のエラーを非表示にする	184
SECTION 072	○日後を計算する	186
SECTION 073	○営業日後を計算する	188
SECTION 074	今日の日付を自動表示する	190
SECTION 075	期間を計算する	192
SECTION 076	データの個数を数える	194
SECTION 077	数値に順位を付ける	196

CONTENTS

SECTION 078	数値に「A」「B」2種類のランクを付ける	198
SECTION 079	数値に3種類以上のランクを付ける	200
SECTION 080	フリガナを取り出して表示する	202
SECTION 081	文字を半角に変換する	204
COLUMN	エクセルのエラーの種類を知る	206

第7章 複数シートを使いこなす！ シート連携のテクニック

SECTION 082	シートを追加／削除する	208
SECTION 083	シートを複製／移動する	210
SECTION 084	シートを非表示にする	212
SECTION 085	複数シートを並べて表示する	214
SECTION 086	複数シートを同時に操作する	216
SECTION 087	シートをほかのブックに移動／複製する	218
SECTION 088	ほかのシートからコピーして値が連動した表を作る	220
SECTION 089	複数シートの同じ位置にあるセルを集計する	222
SECTION 090	複数シートの同じ項目を集計する	224
SECTION 091	ほかのシートにジャンプするリンクを作成する	226
COLUMN	複数シートの利用は計画的にしよう	228

第8章 データの傾向を把握する！抽出&分析のテクニック

SECTION 092	数値の大小をバーの長さで表示する	230
SECTION 093	数値の大小をアイコンで表示する	232
SECTION 094	特定の数値に色を付けて目立たせる	234
SECTION 095	トップ5に色を付けて目立たせる	236
SECTION 096	条件付き書式のルールを変更する	238
SECTION 097	土日に色を付ける	240
SECTION 098	特定の日付に色を付ける	242
SECTION 099	入力した文字に自動的に色を付ける	244
SECTION 100	テーブルを作成する	246
SECTION 101	テーブルに数式を入力する	248
SECTION 102	テーブルにデータを追加する	250
SECTION 103	特定のデータを抽出する	252
SECTION 104	特定の条件でデータを抽出する	254
SECTION 105	売上トップ10を抽出する	256
SECTION 106	売上の高い順に並べ替える	258
SECTION 107	グループごとに売上の高い順に並べる	260
SECTION 108	テーブルに集計行を追加する	262
COLUMN	見せたいのは順位？ 大きさ？ 数値の見せ方	264

CONTENTS

第9章 数値をひと目で伝える！ グラフのテクニック

- SECTION 109　グラフを作成する ……………………………………… 266
- SECTION 110　グラフのレイアウトや色を変更する ………………… 268
- SECTION 111　グラフに要素を追加する ……………………………… 270
- SECTION 112　数値軸の表示を万単位にする ………………………… 272
- SECTION 113　棒グラフの間隔を調整する …………………………… 274
- SECTION 114　円グラフを見やすくする ……………………………… 276
- SECTION 115　円グラフを補助円付きに変更する …………………… 278
- SECTION 116　ドーナツグラフの中心に値を表示する ……………… 280
- SECTION 117　折れ線グラフの途切れをなくす ……………………… 282
- SECTION 118　折れ線グラフに平均値の線を追加する ……………… 284
- SECTION 119　棒と折れ線の組み合わせグラフを作成する ………… 286
- SECTION 120　グラフだけの文書を作成する ………………………… 288
- COLUMN　　　グラフにすれば見えてくる …………………………… 290

第10章 図や写真で表現する！ 図形・画像のテクニック

- SECTION 121　図形を描く ……………………………………………… 292
- SECTION 122　図形の重なり順を変更する …………………………… 294
- SECTION 123　複数の図形をグループ化する ………………………… 296
- SECTION 124　図形をきれいに配置する ……………………………… 298

023

SECTION 125	図形とセルをリンクして文字を表示する	300
SECTION 126	SmartArtで図形資料を作る	302
SECTION 127	SmartArtに項目を追加する	304
SECTION 128	SmartArtでピラミッド図形を作成する	306
SECTION 129	写真を挿入する	308
SECTION 130	写真の「色」や「明るさ／コントラスト」を変更する	310
SECTION 131	ワードアートで装飾文字を作成する	312
COLUMN	図形や写真をあつかうのに便利なシート	314

第11章 作成した文書を共有する！印刷＆保存のテクニック

SECTION 132	文書を印刷する	316
SECTION 133	必要な箇所を部分印刷する	318
SECTION 134	文書を用紙の中央に印刷する	320
SECTION 135	文書を1ページに収めて印刷する	322
SECTION 136	複数シートを一括で印刷する	324
SECTION 137	複数ページに表の項目を印刷する	326
SECTION 138	改ページの位置を設定する	328
SECTION 139	コメントを付けて印刷する	330
SECTION 140	ヘッダー／フッターを印刷する	332
SECTION 141	文書を保存する	334
SECTION 142	既定の保存先を変更する	336

CONTENTS

SECTION 143 文書をテンプレートとして保存する ……………………… 338
SECTION 144 文書に含まれる情報をチェックする ……………………… 340
SECTION 145 文書を読み取り専用にする ……………………………… 342
SECTION 146 文書をPDFファイルに変換する …………………………… 344

ショートカットキー一覧 ……………………………………………… 346
シートの規定値を変更する …………………………………………… 348
よく使うボタンをまとめる …………………………………………… 349
索引 …………………………………………………………………… 350

ご注意:ご購入・ご利用の前に必ずお読みください

- 本書に記載された内容は、情報の提供のみを目的としています。したがって、本書を用いた運用は、必ずお客様自身の責任と判断によって行ってください。これらの情報の運用の結果について、技術評論社および著者はいかなる責任も負いません。
- ソフトウェアに関する記述は、特に断りのない限り、2016年3月現在での最新バージョンをもとにしています。ソフトウェアはバージョンアップされる場合があり、本書での説明とは機能内容や画面図などが異なってしまうこともあり得ます。あらかじめご了承ください。
- インターネットの情報については、URLや画面などが変更されている可能性があります。ご注意ください。

以上の注意事項をご承諾いただいた上で、本書をご利用願います。これらの注意事項をお読みいただかずに、お問い合わせいただいても、技術評論社は対応しかねます。あらかじめご承知おきください。

■本書に掲載した会社名、プログラム名、システム名などは、米国およびその他の国における登録商標または商標です。本文中では™マーク、®マークは明記しておりません。

本書で使用する文書例 1

見積書

平成28年6月1日

御見積書

株式会社プレミアム
事業本部　中野　様

エクセル株式会社

平素は格別のお引き立てを賜り、誠にありがとうござい
ます。下記の通りお見積り申し上げます。
ご検討のほどよろしくお願い申し上げます。

〒000-9999
東京都中央区銀座X-X-X
03（1234）XXXX
営業部　佐々木

御見積金額　¥469,800

納品場所	御社工場
納期	受注後2週間以内
御見積有効期限	平成28年6月30日

商品コード	商品名	単価	数量	単位	金額
S001	オフィステーブル	26,000	5	個	130,000
S002	オフィスチェア	12,000	20	脚	240,000
S005	サイドワゴン	13,000	5	個	65,000
				小計	¥435,000
				消費税	¥34,800
				合計金額	¥469,800

…点は、担当者までご連絡ください。

会員名簿

REDスポーツクラブ　会員名簿　2016.11.1 現在

No	会員ID	会員種別	登録日	登録月数	氏名	郵便番号	住所	メールアドレス	会社名

使用する章
第1･6･11章

MEMO
本例を使用して、文書作成の基本、数式・関数、印刷の技を紹介します。

使用する章
第2･6･11章

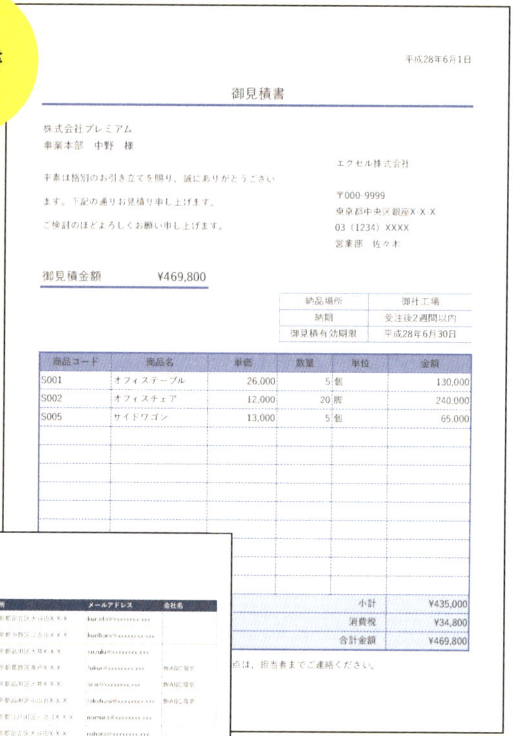

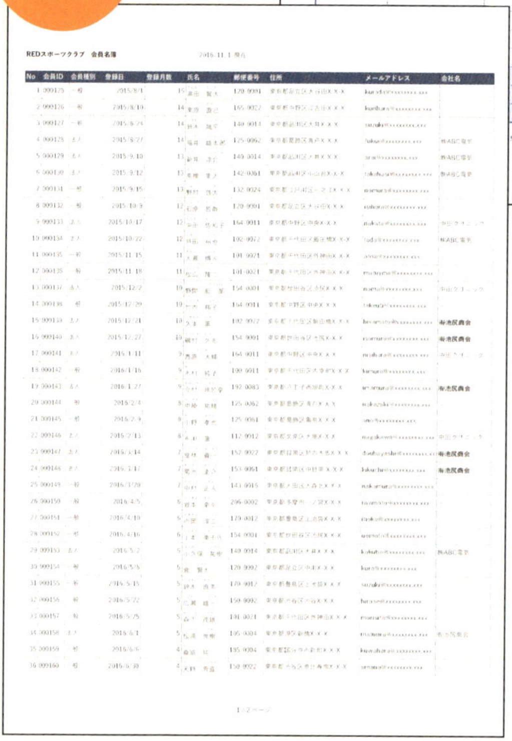

MEMO
本例を使用して、入力、数式・関数、印刷の技を紹介します。

評価表

店舗別評価表

文書堂全店舗の評価成績を報告します。なお、評価の基準は以下の通りです。

(1) 「サービス」、「企画」項目は、全店舗で実施したお客様アンケートから集計しました。
(2) 「販売」項目は、前年度の売上金額から算出しました。
(3) 「技術」項目は、カスタマーセンターに寄せられたご意見から算出しました。

☞ なお、各項目の点数は、100点満点での評価点です。

店舗名	サービス		企画	販売	技術	合計	順位	ランク
梅田店	☆	85	71	88	72	316	8	B
浦和店	☆	81	77	78	77	313	11	B
小樽店	☆	79	68	75	65	287	14	C
小田原店	☆	77	65	69	63	274	15	D
金沢大和店	☆	72	85	85	78	320	7	B
吉祥寺店	☆	75	92	88	83	338	5	B
久留米店	☆	83	77	89	95	344	2	B
国分寺店	☆	88	69	79	64	300	12	B
札幌店	★	90	71	68	85	314	10	B
神保町店	☆	86	77	70	82	315	9	B
新橋浜店	☆	89	93	95	91	368	1	A
豊洲店	☆	77	79	95	78	329	6	B
名古屋空港店	☆	85	76	83	96	340	4	B
有楽町店	☆	84	69	68	77	298	13	C
留萌店	★	92	78	90	84	344	2	B

領収書

平成28年8月25日

領収書

株 式 会 社 ス タ ー　様

金 壱萬参阡八百壱拾参 円也

収入印紙

但　　商品代として

上記の金額正に領収いたしました

税抜金額　¥　12,790
消費税額(8%)　¥　1,023

茶々株式会社
〒100-0005
東京都千代田区丸の内X-X-X
TEL：03-XXXX-XXXX

この度は当社製品をお買い上げいただきありがとうございました。
お買い上げ明細を添付いたしますので
ご確認くださいますようお願いいたします。

商品番号	商品名	受注	単価(kg)	数量	金額
1001	ほうじ茶	2016/8/10(水)	1,000	10.50 kg	10,500
1005	煎茶	2016/8/11(木)	1,200	2.25 kg	2,700
5000	ポイント割引				-410
				合計	¥12,790
				消費税	¥1,023
				総合計	¥13,813

使用する章

第2・6・8・9章

MEMO

本例を使用して、入力、数式・関数、データの抽出・分析、グラフの技を紹介します。

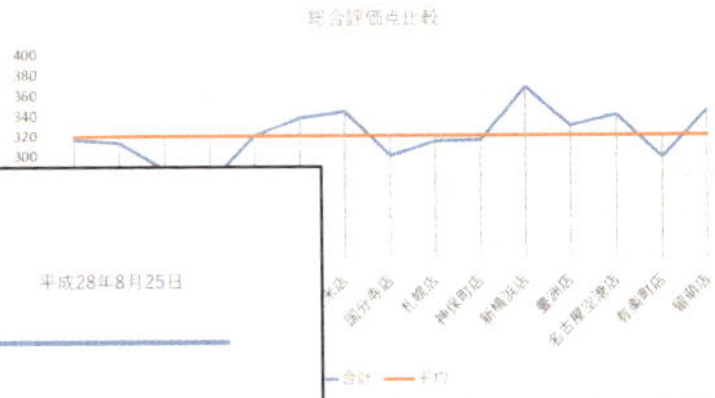

使用する章

第3・11章

MEMO

本例を使用して、書式設定、印刷の技を紹介します。

本書で使用する文書例 2

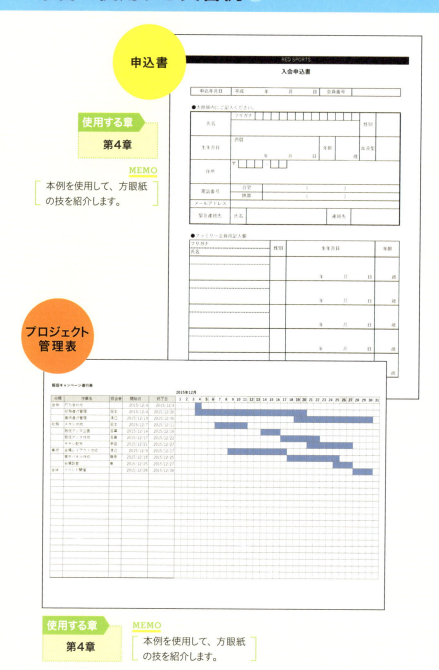

申込書

使用する章
第4章

MEMO
本例を使用して、方眼紙の技を紹介します。

プロジェクト管理表

使用する章
第4章

MEMO
本例を使用して、方眼紙の技を紹介します。

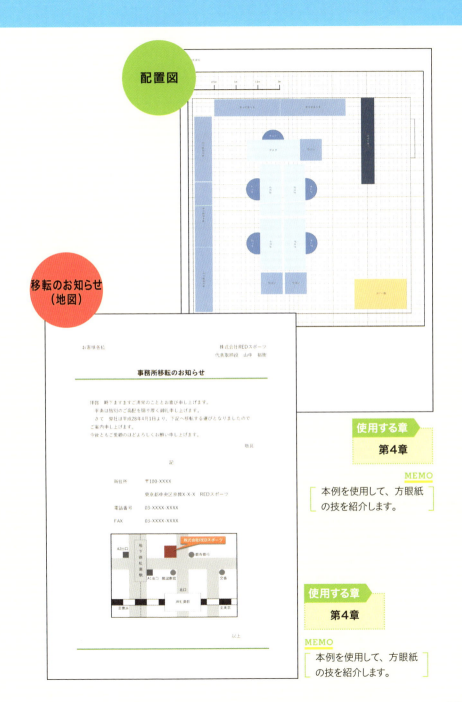

配置図

移転のお知らせ
（地図）

使用する章
第4章

MEMO
本例を使用して、方眼紙の技を紹介します。

使用する章
第4章

MEMO
本例を使用して、方眼紙の技を紹介します。

本書で使用する文書例 ❸

申請書

予定表

使用する章
第5・11章

MEMO
本例を使用して、定型文書、印刷の技を紹介します。

使用する章
第6・8章

MEMO
本例を使用して、数式・関数、データの抽出・分析の技を紹介します。

売上集計

酒類売上集計（全国集計）

商品名	分類	7月	8月	9月	合計
あおい	日本酒	4,020,000	5,004,000	6,748,000	15,772,000
菊泉	日本酒	6,728,000	5,008,000	7,016,000	18,752,000
三谷	焼酎	10,120,000	9,852,000	11,756,000	31,728,000
純平	焼酎	9,496,000	9,256,000	10,988,000	29,740,000
しろ雪	焼酎	11,984,000	8,188,000	10,364,000	30,536,000
海王酒	日本酒	7,932,000	7,592,000	8,300,000	23,824,000
日本丸	日本酒	4,988,000	7,872,000	8,188,000	21,048,000
門天	焼酎	9,944,000	10,712,000	11,408,000	32,064,000

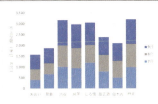

売上データ

売上日報

日付	曜日	気温	顧客数	ランチ	ディナー	ドリンク	売上金額
2016/2/1	月	20	32	33,450	47,410	106,690	187,550
2016/2/2	火	15	41	33,670	113,440	56,780	203,890
2016/2/3	水	8	59	31,670	62,870	96,920	191,460
2016/2/4	木	8	45	22,960	97,030	42,430	162,420
2016/2/5	金	12	42	30,490	141,480	44,750	216,720
2016/2/6	土	11	66	37,350	162,050	60,700	260,100
2016/2/7	日	9	63	21,730	121,540	55,510	198,780
2016/2/8	月	12	66	20,400	61,510	81,230	163,140
2016/2/9	火	18	42	22,840	76,060	86,900	185,800
2016/2/10	水	17	30	30,820	154,210	63,420	248,450
2016/2/11	木	17	40	27,150	148,350	86,110	261,610
2016/2/12	金	11	51	37,950	95,390	18,960	152,300
2016/2/13	土	18	48	33,780	91,380	65,400	190,560
2016/2/14	日	9	52	35,890	138,880	64,110	238,880
2016/2/15	月	9	65	30,380	103,070	32,120	165,570
2016/2/16	火	9	39	23,970	38,860	53,540	116,370
2016/2/17	水	19	21	24,180	50,840	71,540	146,560
2016/2/18	木	15	59	24,370	146,630	30,430	201,430
2016/2/19	金	11	55	30,250	136,240	93,550	260,040
2016/2/20	土	15	49	29,500	152,060	81,150	262,710
2016/2/21	日	12	34	29,270	124,260	97,220	250,750
2016/2/22	月	11	57	28,760	73,800	92,940	195,500
2016/2/23	火	19	38	28,750	136,850	64,060	229,660
2016/2/24	水	13	21	22,620	134,190	22,010	178,820
2016/2/25	木	10	52	33,730	56,290	42,550	132,570
2016/2/26	金	9	32	28,180	32,360	52,970	113,510
2016/2/27	土	20	57	37,310	163,970	73,560	274,840
2016/2/28	日	20	34	23,170	165,000	33,380	221,550
2016/2/29	月	17	23	26,590	130,120	91,500	248,210
集計				841,180	3,156,140	1,862,430	5,859,750

使用する章
第7・9・11章

MEMO
本例を使用して、シート連携、グラフ、印刷の技を紹介します。

使用する章
第8・11章

MEMO
本例を使用して、データの抽出・分析、印刷の技を紹介します。

● 本書で使用する文書例 ❹

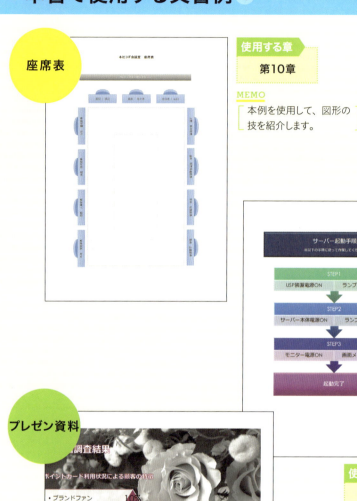

座席表

使用する章
第10章

MEMO
[本例を使用して、図形の
技を紹介します。]

手順書

使用する章
第10章

MEMO
[本例を使用して、図形の
技を紹介します。]

プレゼン資料

使用する章
第10章

MEMO
[本例を使用して、図形・
画像の技を紹介します。]

第 **1** 章

知っておきたい！
Excel文書作成の基本テクニック

SECTION 001 用紙設定

第 1 章 | 知っておきたい！ Excel文書作成の基本テクニック

用紙サイズと余白を設定する

印刷が必要な文書を作るときには、最初に用紙サイズと余白を決めておきます。シートに印刷可能な範囲を示すガイドラインを表示しておけば、これを目安に用紙に収まる文書を作成することができます。

Before 用紙を設定して印刷範囲を確認したい

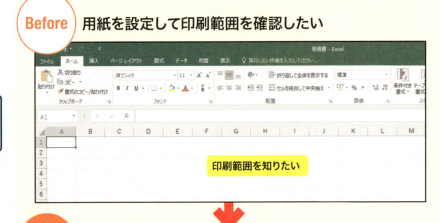

印刷範囲を知りたい

After 印刷範囲のガイドラインが表示できた

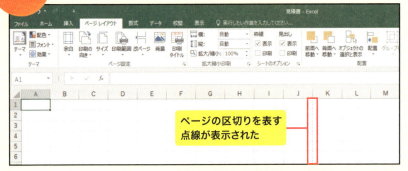

ページの区切りを表す点線が表示された

エクセルを起動した直後は、シート上のどの部分が印刷の対象になっているか、見ただけではわかりません。このまま文書の作成を始めると、用紙に合わないレイアウトになってしまいます。用紙サイズや余白を決めることで、印刷の範囲を示す点線がシート上に表示されます。

用紙サイズと余白を選ぶ

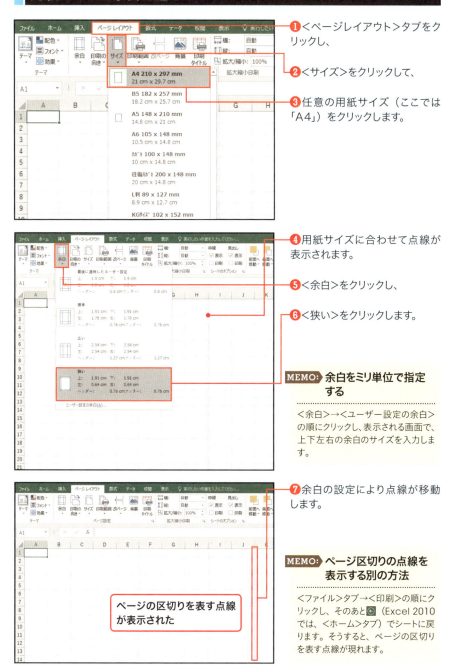

❶ <ページレイアウト>タブをクリックし、

❷ <サイズ>をクリックして、

❸ 任意の用紙サイズ（ここでは「A4」）をクリックします。

❹ 用紙サイズに合わせて点線が表示されます。

❺ <余白>をクリックし、

❻ <狭い>をクリックします。

MEMO: 余白をミリ単位で指定する

<余白>→<ユーザー設定の余白>の順にクリックし、表示される画面で、上下左右の余白のサイズを入力します。

❼ 余白の設定により点線が移動します。

MEMO: ページ区切りの点線を表示する別の方法

<ファイル>タブ→<印刷>の順にクリックし、そのあと ⓒ（Excel 2010では、<ホーム>タブ）でシートに戻ります。そうすると、ページの区切りを表す点線が現れます。

第1章 用紙設定

SECTION 002 テーマ

第1章 知っておきたい！ Excel文書作成の基本テクニック

文書全体の「テーマ」を設定する

「テーマ」は、文書全体のフォントや色を決めるもので、通常は「Office」と名付けられたテーマが設定されています。テーマを変えることで文字や色が変わるため、文書の印象は大きく違ってきます。

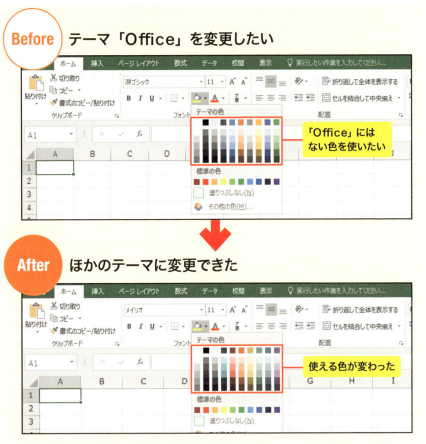

Before テーマ「Office」を変更したい

「Office」にはない色を使いたい

After ほかのテーマに変更できた

使える色が変わった

既定のテーマ「Office」はよく利用されます。そのため、だれが作った文書も同じ色やデザインになりがちですが、テーマを変更するだけで、ほかとは違う見栄えにすることができます。ここでは、既定の「Office」のフォントや色を確認したあと、ほかのテーマに変更してみましょう。

「テーマ」を変更してフォントや色を確認する

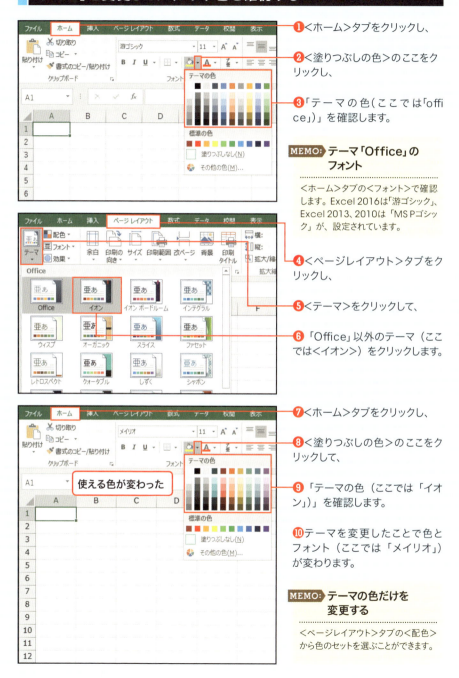

❶ <ホーム>タブをクリックし、

❷ <塗りつぶしの色>のここをクリックし、

❸「テーマの色(ここでは「office」)」を確認します。

MEMO: テーマ「Office」のフォント

<ホーム>タブの<フォント>で確認します。Excel 2016は「游ゴシック」、Excel 2013、2010は「MS Pゴシック」が、設定されています。

❹ <ページレイアウト>タブをクリックし、

❺ <テーマ>をクリックして、

❻「Office」以外のテーマ(ここでは<イオン>)をクリックします。

❼ <ホーム>タブをクリックし、

❽ <塗りつぶしの色>のここをクリックして、

❾「テーマの色(ここでは「イオン」)」を確認します。

❿ テーマを変更したことで色とフォント(ここでは「メイリオ」)が変わります。

MEMO: テーマの色だけを変更する

<ページレイアウト>タブの<配色>から色のセットを選ぶことができます。

SECTION 003 文字の配置

第 1 章 知っておきたい！ Excel文書作成の基本テクニック

文字を用紙の中央に配置する

エクセルの中央揃えは、セルの中で文字が中央に配置される機能です。文書のタイトルなどを用紙幅に対して中央に配置したい場合は、用紙の幅分の複数セルを1つのセルに結合し、その中で中央に揃えます。

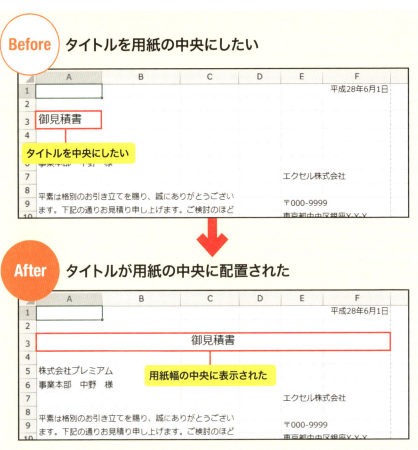

Before タイトルを用紙の中央にしたい

タイトルを中央にしたい

After タイトルが用紙の中央に配置された

用紙幅の中央に表示された

タイトルの「御見積書」の文字を用紙幅の中央に配置するには、用紙幅のすべてのセルを選択し「セルを結合して中央揃え」を実行します。なお、用紙幅にあたるセルは、文書全体のレイアウトが決まらないと確定しません。タイトルの位置は、文書内の文字や表を入力し、列幅を調整したあとで整えます。

セルを結合して中央揃えにする

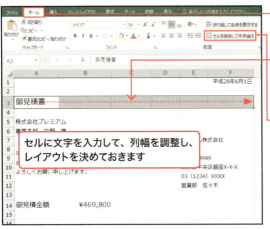

P.35の方法で、ページ区切りを表す点線を表示しておきます。

❶用紙幅分のセルをドラッグし、

❷＜ホーム＞タブをクリックして、

❸＜セルを結合して中央揃え＞をクリックします。

セルに文字を入力して、列幅を調整し、レイアウトを決めておきます

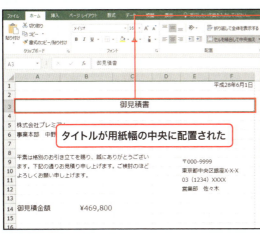

❹選択したセルが結合され文字が中央揃えになります。

タイトルが用紙幅の中央に配置された

MEMO：セルの結合を解除する

結合を解除したいセルをクリックして＜セルを結合して中央揃え＞をクリックすると解除されます。

COLUMN

複数の行をそれぞれ結合する

行ごとにセルを結合したい場合は、複数行のセルをドラッグし、＜セルを結合して中央揃え＞の▼をクリックし、＜横方向に結合＞をクリックします。たとえば、タイトルが2行あるとき、一度の操作で行ごとにセルを結合することができます。

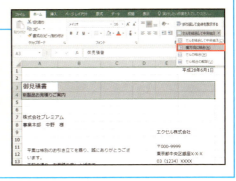

SECTION 004 セルを結合して文章を入力する

文字の配置

第1章 | 知っておきたい！ Excel文書作成の基本テクニック

> 複数行におよぶ長い文章は、あらかじめ縦横のセルを結合して、文章を表示する1つの大きなセルに入力することが容易になります。結合したセルの中では、改行（P.43参照）や行間の調整（P.45参照）をすることも可能です。

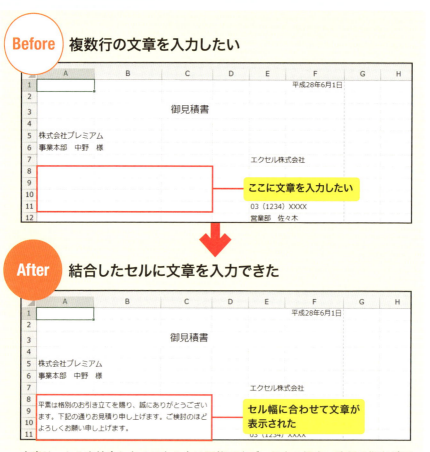

文章は、セルを結合しなくても入力は可能ですが、長文の場合、改行の指定が面倒です。そこで、文章に必要な列幅、高さのセルを「セルの結合」を行い、あらかじめ用意します。セルには、文章がセル幅に合わせて自動的に改行されるように設定しておきます。

セルを結合して「文字列の折り返し」を設定して入力する

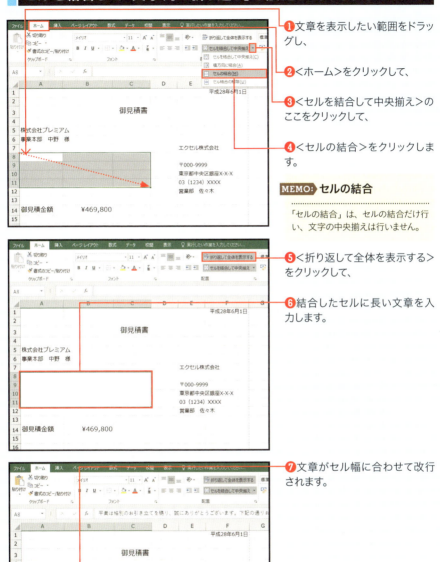

❶ 文章を表示したい範囲をドラッグし、

❷ <ホーム>をクリックして、

❸ <セルを結合して中央揃え>のここをクリックして、

❹ <セルの結合>をクリックします。

MEMO: セルの結合

「セルの結合」は、セルの結合だけ行い、文字の中央揃えは行いません。

❺ <折り返して全体を表示する>をクリックして、

❻ 結合したセルに長い文章を入力します。

❼ 文章がセル幅に合わせて改行されます。

複数行の文章が入力できた

SECTION 005 文字の配置

第 1 章 知っておきたい！ Excel文書作成の基本テクニック

セル内の指定した位置で文章を改行する

長い文章を1つのセルに入力するときは、セルの「折り返して全体を表示する」機能を有効にすることで、セル幅に合わせて自動的に改行されます。これとは別に、文章を指定した箇所で改行することもできます。

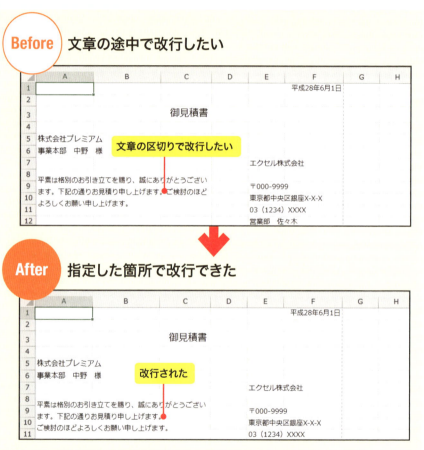

Before 文章の途中で改行したい

文章の区切りで改行したい

After 指定した箇所で改行できた

改行された

セルの「折り返して全体を表示する」機能が働いていれば（P.41参照）、セル幅に合わせて文章が改行されますが、文章の区切りなどで改行したい場合は、Alt + Enter キーを押します。入力の途中で使うこともできますが、セル内にあとから改行を入れることもできます。

文章の途中で改行する

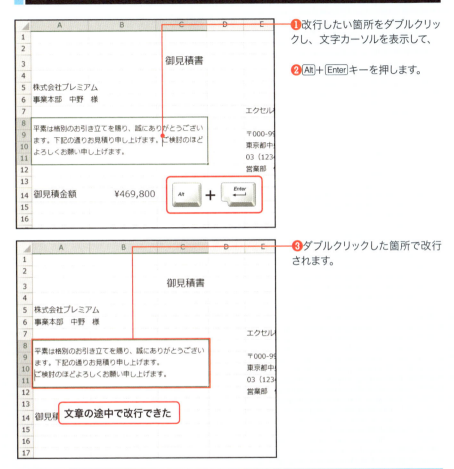

❶改行したい箇所をダブルクリックし、文字カーソルを表示して、

❷ Alt + Enter キーを押します。

❸ダブルクリックした箇所で改行されます。

文章の途中で改行できた

COLUMN

数式バーに複数行を表示する

セルの内容を表示する数式バーは、通常1行の表示ですが、複数行に広げることができます。数式バーの下側にマウスポインターを合わせ、両方向の矢印に変わったらドラッグします。数式バーの領域を広げたり、また、狭めたりすることができます。

数式バーを広げて、複数行になった文章を表示する

SECTION 006 文字の配置

第 1 章 知っておきたい！ Excel文書作成の基本テクニック

セル内の行間を整える

セルに複数行の文章を入力した場合の行間隔は、直接指定することはできません。しかし、セルの高さを利用して、結果的に行間を変更することができます。文字の縦位置の配置を変更することで行間を変えます。

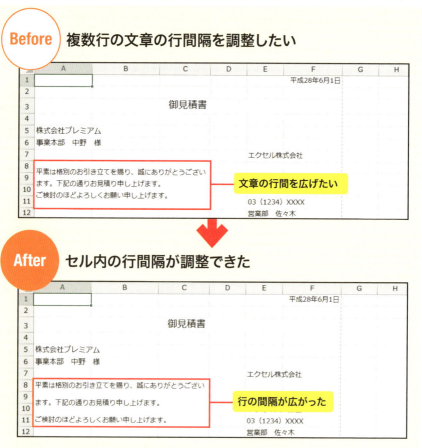

Before 複数行の文章の行間隔を調整したい

文章の行間を広げたい

After セル内の行間隔が調整できた

行の間隔が広がった

複数行の間隔を広げたい場合は、文字の縦位置を変更します。初期の状態では、縦位置は「中央揃え」ですが、これを「均等割り付け」に変更します。そうすると、複数行がセルの高さに合わせて均等に配置され、行間が変わります。間隔を微調整するには、セルの高さを調整します。

セルの縦位置を均等に配置する

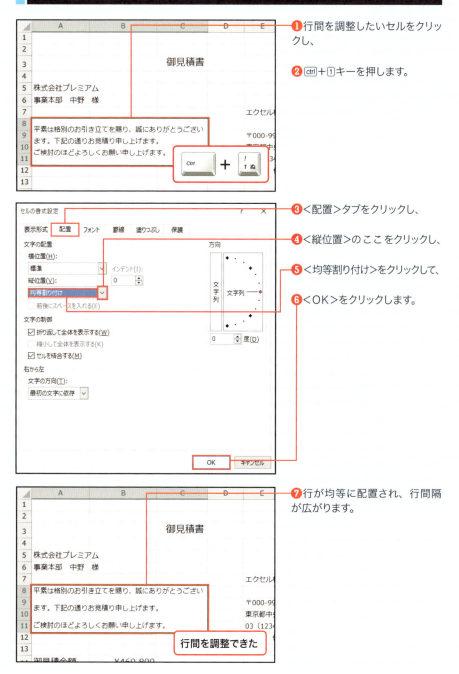

❶行間を調整したいセルをクリックし、

❷Ctrl+1キーを押します。

❸<配置>タブをクリックし、

❹<縦位置>のここをクリックし、

❺<均等割り付け>をクリックして、

❻<OK>をクリックします。

❼行が均等に配置され、行間隔が広がります。

SECTION 007 文字の配置

第 1 章 | 知っておきたい！ Excel文書作成の基本テクニック

行の高さや列の幅を整える

行の高さや列の幅は、自由に変更することができます。個別に変更するだけでなく、入力文字数に合わせた列幅にしたり、複数行を同じ列幅や高さにしたりするなど、列幅を整えるいくつかの操作方法があります。

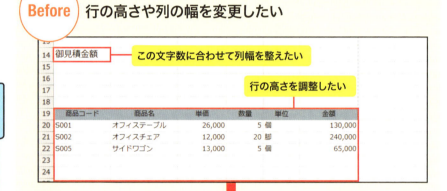

Before 行の高さや列の幅を変更したい

- この文字数に合わせて列幅を整えたい
- 行の高さを調整したい

After セル内の行間隔が調整できた

- 列幅が自動調整された
- 複数行を同じ高さに調整できた

行の高さや列の幅は、行番号や列番号の境界線をドラッグして変更します。複数の行や列を変更する場合は、あらかじめ複数の行、または列を選択して境界線をドラッグします。また、指定したセルの文字数に列幅を合わせるには、「列の幅の自動調整」を行います。

行の高さをドラッグして調整して列の幅を自動調整する

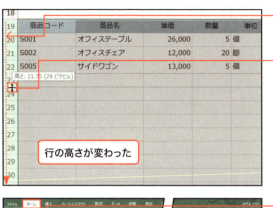

❶ 高さを変えたい行の行番号をドラッグし、

❷ 境界線にマウスポインターを合わせてドラッグします。

❸ 選択した行の高さが変わります。

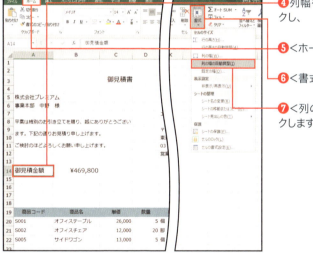

❹ 列幅を合わせたいセルをクリックし、

❺ <ホーム>タブをクリックして、

❻ <書式>をクリックして、

❼ <列の幅の自動調整>をクリックします。

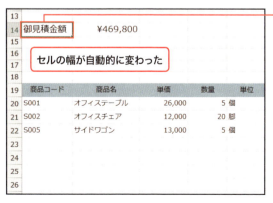

❽ セルの文字数に合わせて列幅が自動調整されます。

MEMO: すばやく列幅を調整する

列番号の境界線をダブルクリックすると、列の最大文字数のセルに合わせて列幅が自動調整されます。

SECTION 008 縦や横の罫線を引く

第 1 章 知っておきたい！ Excel文書作成の基本テクニック

罫線

セルに付ける罫線は、文書の飾りとしても利用できます。強調したいセルに下線を付けたり、枠線で囲んだりすることができます。このようにセルの一部に線を引く場合は、マウスポインターを鉛筆の形にして引くのがかんたんです。

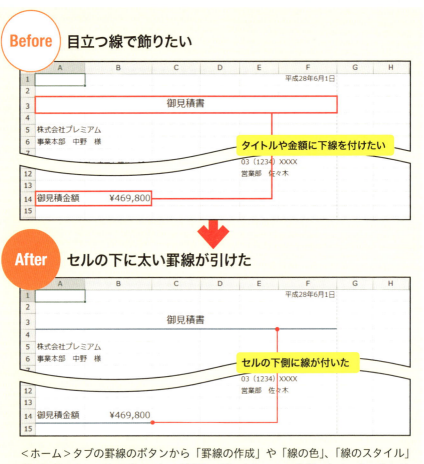

＜ホーム＞タブの罫線のボタンから「罫線の作成」や「線の色」、「線のスタイル」を選択すると、マウスポインターが鉛筆の形になり、この状態でクリック、またはドラッグすると、セルに罫線を引くことができます。なお、表全体に罫線を引く場合は＜セルの書式設定＞ダイアログボックスを使う方法（P.51参照）があります。

罫線の色とスタイルを選んでマウスで罫線を引く

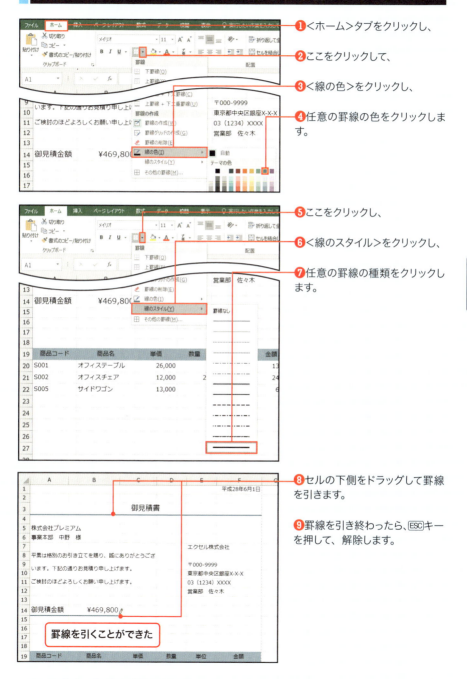

❶ <ホーム>タブをクリックし、

❷ ここをクリックして、

❸ <線の色>をクリックし、

❹ 任意の罫線の色をクリックします。

❺ ここをクリックし、

❻ <線のスタイル>をクリックし、

❼ 任意の罫線の種類をクリックします。

❽ セルの下側をドラッグして罫線を引きます。

❾ 罫線を引き終わったら、ESCキーを押して、解除します。

SECTION 009 罫線

第1章 知っておきたい！ Excel文書作成の基本テクニック

表全体の罫線を一括設定する

> 表全体に縦、横の格子線を付ける罫線は、部分的に線の種類や色を変えると見やすくなります。しかし、線ごとに引いていくのは面倒です。そこで、＜セルの書式設定＞ダイアログボックスで一度に設定します。

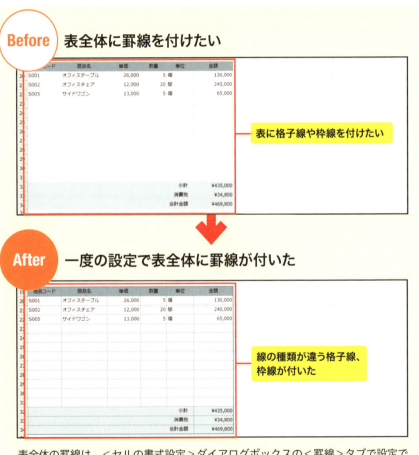

Before 表全体に罫線を付けたい

表に格子線や枠線を付けたい

After 一度の設定で表全体に罫線が付いた

線の種類が違う格子線、枠線が付いた

表全体の罫線は、＜セルの書式設定＞ダイアログボックスの＜罫線＞タブで設定できます。縦線、横線、枠線ごとに、異なる線の種類や色もすべて指定できます。P.49のマウスでドラッグして罫線を引くよりもすばやく表全体の罫線を設定することができます。

表の「外枠」や「内側」の罫線を設定する

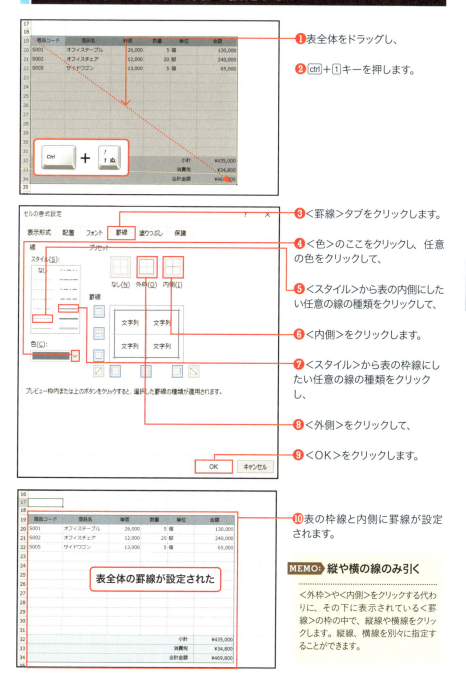

❶ 表全体をドラッグし、

❷ Ctrl+1キーを押します。

❸ <罫線>タブをクリックします。

❹ <色>のここをクリックし、任意の色をクリックして、

❺ <スタイル>から表の内側にしたい任意の線の種類をクリックして、

❻ <内側>をクリックします。

❼ <スタイル>から表の枠線にしたい任意の線の種類をクリックし、

❽ <外側>をクリックして、

❾ <OK>をクリックします。

❿ 表の枠線と内側に罫線が設定されます。

MEMO: 縦や横の線のみ引く

<外枠>や<内側>をクリックする代わりに、その下に表示されている<罫線>の枠の中で、縦線や横線をクリックします。縦線、横線を別々に指定することができます。

SECTION 010 罫線

第1章 知っておきたい！ Excel文書作成の基本テクニック

表の罫線を消去する

罫線を消去する方法はいくつかあります。それぞれ特徴があり、操作方法も異なります。部分的に縦や横の1本の線を消す場合と、表全体の罫線を消す場合とで、使い分けると効率的です。

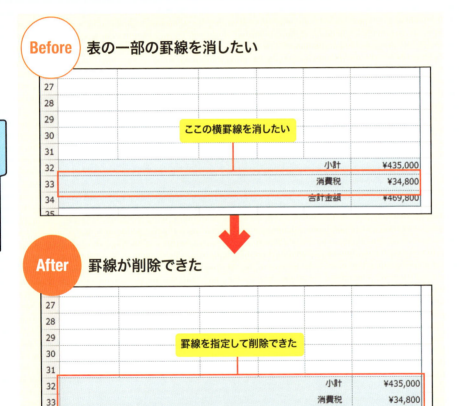

Before 表の一部の罫線を消したい

ここの横罫線を消したい

After 罫線が削除できた

罫線を指定して削除できた

罫線を消すには、＜ホーム＞タブの罫線ボタンから＜罫線の削除＞または、＜枠なし＞を選びます。「罫線の削除」は、マウスポインターが消しゴムの形に変わるので、消したい線をドラッグします。「枠なし」は、選択された範囲内の罫線をすべて消します。

罫線を削除する

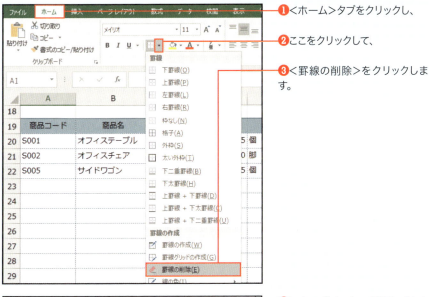

❶ <ホーム>タブをクリックし、

❷ ここをクリックして、

❸ <罫線の削除>をクリックします。

❹ マウスポインターが消しゴムの形になるので、消したい線をドラッグします。

❺ ドラッグした罫線が削除されます。

◉ COLUMN ☑

表の罫線をすべて消去する

表全体の範囲を選択し、<ホーム>タブの罫線を引くボタンの▼から<枠なし>をクリックします。「枠なし」は、選択したセル範囲内のすべての罫線を消します。

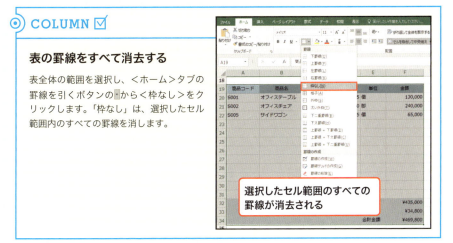

SECTION 011 セルに関係なく文字を配置する

テキストボックス

第1章 知っておきたい！ Excel文書作成の基本テクニック

> 文字は、基本的にセルに入力しますが、文字を入力するセルを確保できないときには、図形の機能を利用して文字を入力することができます。シート上に図形を貼り付けるように、文字枠を配置して文字を入力します。

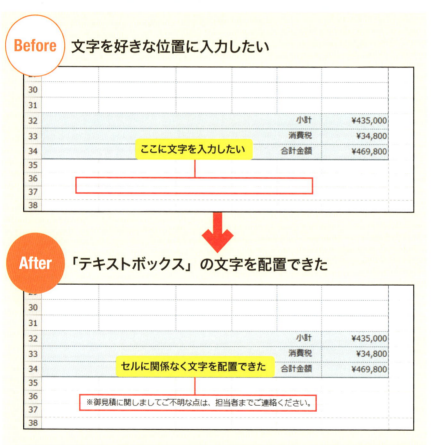

Before 文字を好きな位置に入力したい

After 「テキストボックス」の文字を配置できた

表を含む文書では、表の列に合わせてセル幅が決まります。そうすると、表の上の行や下の行に思うように文字を配置できないことがあります。この場合は、図形の「テキストボックス」を利用します。「テキストボックス」は、自由に移動できるので、セルを無視して文字を配置できます。

「テキストボックス」を挿入して文字を入力する

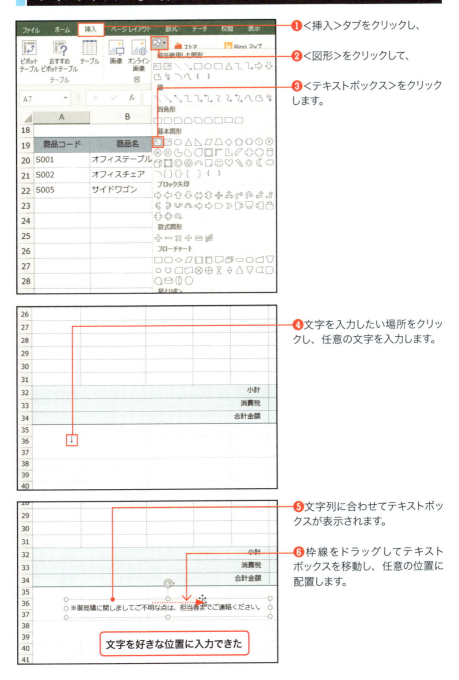

❶ <挿入>タブをクリックし、

❷ <図形>をクリックして、

❸ <テキストボックス>をクリックします。

❹ 文字を入力したい場所をクリックし、任意の文字を入力します。

❺ 文字列に合わせてテキストボックスが表示されます。

❻ 枠線をドラッグしてテキストボックスを移動し、任意の位置に配置します。

文字を好きな位置に入力できた

第1章　テキストボックス

SECTION 012 図

第1章 知っておきたい！ Excel文書作成の基本テクニック

セルに関係なく表を配置する

> 文書内の上下に2つの表を作りたいとき、列幅はどちらかの表に合わせることになります。列幅の異なる表を並べたい場合には、一方の表を図形にして配置することができます。そうすると、セルに関係なく、表を作ることができます。

Before 異なる列幅の表を上下に並べたい

ここに新しく表を配置したい

After セル幅に関係なく表を配置できた

表を図にして配置できた

納品場所	御社工場
納期	受注後2週間以内
御見積有効期限	平成28年6月30日

列幅の異なる表を上下に2つ並べて配置することは困難です。その場合、一方の表をもう一方とは異なる列に作成します。この表をコピーして、図として貼り付けます。また、貼り付けるときにリンクを指定すれば、表が更新されたとき図に反映させることもできます。

表を図として貼り付ける

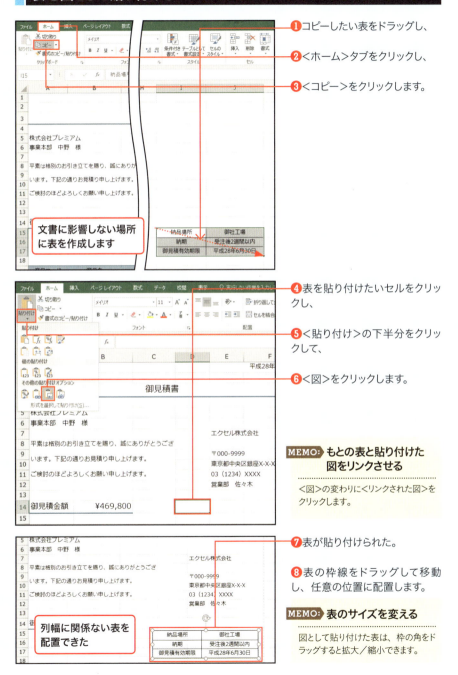

COLUMN

罫線の種類を変えて表を見やすく

表を作成したとき、おざなりに罫線を引いていませんか?ありがちなのは、表全体に縦、横の格子線を引いておしまいという、味気ない印象のものです。罫線は、表の内容を見やすくするのが目的ですが、それならあと少し手を加えて、見やすくしておきましょう。

見やすい表にするには、「罫線を目立たせない」ことがポイントです。細かい数値が並ぶ表に黒々とした太い罫線では、線のほうが目立ってしまい、数値が読みにくくなります。文字や数値の邪魔にならない細い線にすること。また、実線より点線や破線のほうが目立ちません。線の色を変えるのもおすすめです。文字色が黒なら、それより薄いグレーや水色にすることで、目に優しい表になります。ここまでは、表の内容を読みやすくするコツです。加えて、見た目をスマートにするならメリハリをつけましょう。表の枠線、項目や集計行の区切りは、ほかより太い線にします。反対に枠線を無くして、表の内容のみ強調させるという方法もあります。

細い線、太い線を組み合わせ、色も薄くすることで、メリハリのある読みやすい表になる。

表の周りの枠線、縦線をなしにすると、シンプルなデザインになり、行の文字も目立つ。

第 **2** 章

倍速で文書を作成する！
入力の
テクニック

SECTION 013 入力

上のセルと同じ文字を入力する

上のセルと同じデータを入力するには、ショートカットキーを使うのがかんたんです。＜コピー＞や「オートフィル」機能を使う方法もありますが、ショートカットキーならキーボードから手を離すことなく、すばやく入力できます。

Before 上と同じ「一般」の文字を入力したい

	A	B	C	D	E	F
1	REDスポーツクラブ 会員名簿					
2						
3	No	会員ID	会員種別	登録日	氏名	郵便番号
4		000125	一般	2015/8/1	黒田 賢太	120-0001
5		000126	一般	2015/8/10	栗原 直己	165-0022
6		000127				
7						

ここに上と同じ文字を入力したい

After 同じ文字が入力できた

	A	B	C	D	E	F
1	REDスポーツクラブ 会員名簿					
2						
3	No	会員ID	会員種別	登録日	氏名	郵便番号
4		000125	一般	2015/8/1	黒田 賢太	120-0001
5		000126	一般	2015/8/10	栗原 直己	165-0022
6		000127	一般			
7						

同じ「一般」の文字が入力された

会員名簿の「会員種別」には、「一般」か「法人」のどちらかを入力することにします。上のセルと同じ文字を入力したい場合は、Ctrl＋Dキーのショートカットキーを使うのがかんたんです。この方法で、上のセルの内容が下にコピーされます。下にコピーするので「Down（下）」のDキーと覚えておきましょう。

上のセルと同じデータを入力する

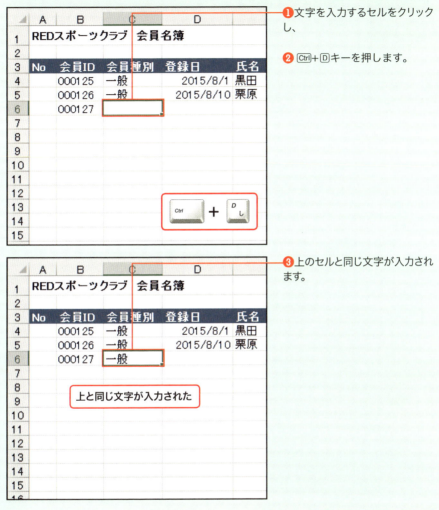

❶文字を入力するセルをクリックし、

❷ Ctrl+Dキーを押します。

❸上のセルと同じ文字が入力されます。

上と同じ文字が入力された

COLUMN

左のセルと同じに文字を入力する

左のセルと同じ文字を入力したいことがあります。そのときには、Ctrl+Rキーを押します。右側にコピーするので「Right（右）」のRキーを使います。

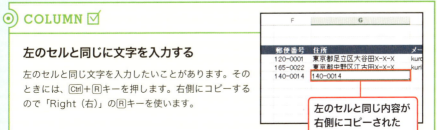

左のセルと同じ内容が右側にコピーされた

SECTION 014 入力

横方向に移動してデータを入力する

表は通常、横1行に1件のデータを入力します。このとき、右に移動しながら入力をすすめていきますが、あらかじめ範囲選択をしておけば、Enterキーで右に移動することが可能で、入力位置を間違えることがありません。

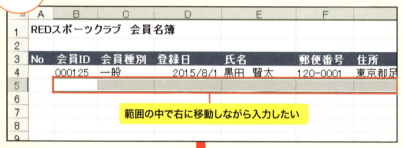

Before 右に移動しながら入力したい

範囲の中で右に移動しながら入力したい

After 行内のデータが入力できた

右方向にすすんで入力できた

会員名簿のように、1行に1件のデータを入力する場合、右方向に続けて入力します。その場合は、文字を入力したあと→キーを押さなくてはなりません。しかし、あらかじめ横1行の範囲を選択しておけば、Enterキーで右方向にすすむことができます。→キーの使い方になれていないときには、Enterキーを使うほうが確実です。

データを入力して横に移動する

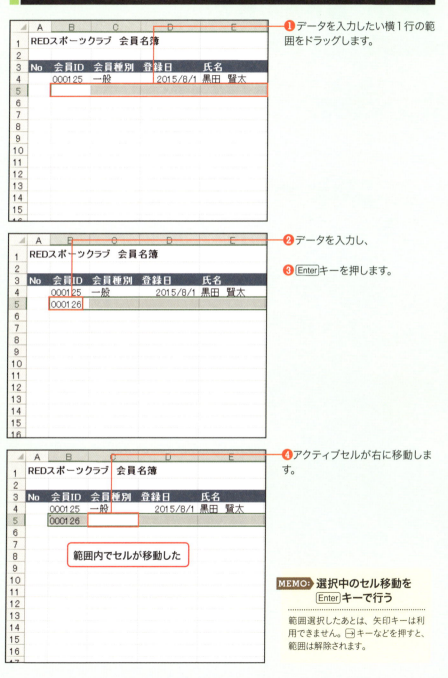

❶ データを入力したい横1行の範囲をドラッグします。

❷ データを入力し、

❸ Enterキーを押します。

❹ アクティブセルが右に移動します。

範囲内でセルが移動した

MEMO: 選択中のセル移動を Enter キーで行う

範囲選択したあとは、矢印キーは利用できません。→キーなどを押すと、範囲は解除されます。

SECTION 015 入力

第2章 | 倍速で文書を作成する! 入力のテクニック

離れた複数セルにデータを入力する

離れた場所のセルに同じデータを入力したいとき、1つ1つ入力する必要はありません。離れたセルをすべて選択しておけば、入力を1度で終わらせることができます。表内の空欄を同一データで埋めるときに便利です。

Before 複数のセルに同じデータを入力したい

空欄のセルに「ー」を入力したい

After 複数のセルに1度で入力できた

「ー」が入力された

同じ文字を何度も入力するのではなく、一括入力を行います。エクセルでは、文字や数字を入力したあと、最後に[Enter]キーを押してデータを確定しますが、あらかじめ複数のセルが選択してあれば、最後に[ctrl]+[Enter]キーを押すことで、一括入力できます。

離れた場所のセルに同じデータを入力する

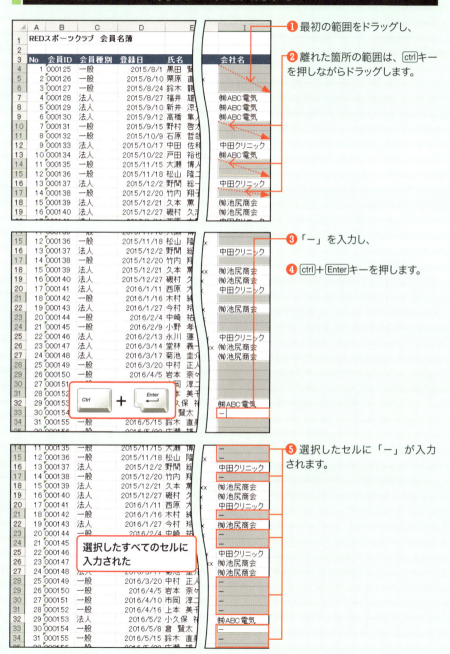

❶ 最初の範囲をドラッグし、

❷ 離れた箇所の範囲は、Ctrlキーを押しながらドラッグします。

❸ 「ー」を入力し、

❹ Ctrl+Enterキーを押します。

❺ 選択したセルに「ー」が入力されます。

選択したすべてのセルに入力された

SECTION 016 入力

第2章 | 倍速で文書を作成する！ 入力のテクニック

本日の日付を一瞬で入力する

文書の作成日など、本日の日付を入力したいということは、よくあります。このとき便利なのが、日付を入力するショートカットキーです。入力を簡素化することができ、日付を間違えるようなミスを防ぐことができます。

Before 「登録日」に本日の日付を入力したい

	A	B	C	D	E	F	
1	REDスポーツクラブ　会員名簿						
2							
3	No	会員ID	会員種別	登録日	氏名	郵便番号	住所
4		000125	一般		黒田　賢太	120-0001	東京都足
5		000126	一般		栗原　直己	165-0022	東京都中
6							
7				ここに本日の日付を入力したい			
8							

After ショートカットキーで日付が入力できた

	A	B	C	D	E	F	
1	REDスポーツクラブ　会員名簿						
2							
3	No	会員ID	会員種別	登録日	氏名	郵便番号	住所
4		000125	一般	2016/2/14	黒田　賢太	120-0001	東京都足
5		000126	一般		栗原　直己	165-0022	東京都中
6							
7				日付が入力された			
8							

日付の入力は「2016/4/5」のように、年、月、日を「/」で区切って入力する必要があり手間がかかりますが、本日の日付なら ctrl + ; キーでかんたんに入力することができます。入力される日付は、パソコン本体に設定されている現在の日時をもとにしています。パソコン本体に設定されている日時に間違いがないか確認しておきましょう。

日付をすばやく入力する

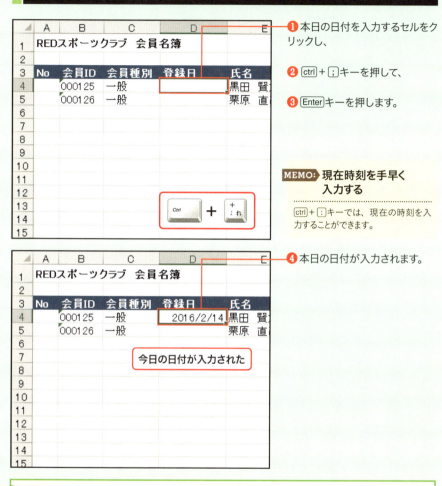

❶ 本日の日付を入力するセルをクリックし、

❷ Ctrl + ; キーを押して、

❸ Enter キーを押します。

MEMO: 現在時刻を手早く入力する

Ctrl + : キーでは、現在の時刻を入力することができます。

❹ 本日の日付が入力されます。

今日の日付が入力された

COLUMN ☑

TODAY関数との違いは？

TODAY関数でも本日の日付を表示することができます。しかし、関数は常に再計算されるため、日付をそのまま保持することはできません。本日の日付を入力したとしても、次の日になれば次の日の日付に変わってしまいます。Ctrl + ; キーで入力した日付は、変わることはありません。

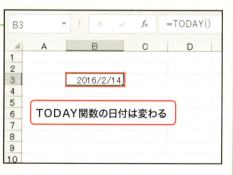

TODAY関数の日付は変わる

SECTION 017 入力

第2章 倍速で文書を作成する！ 入力のテクニック

「0」から始まる数字を入力する

数字の先頭に付く「0」は、入力しても表示されません。電話番号や会員番号など、先頭の「0」を表示させたいときは、文字列として入力します。文字列の入力は、セルに対し、あらかじめ「文字列」の書式を設定します。

Before 「0」から始まる会員IDを入力したい

ここに「000156」を入力したい

After 先頭の「0」から入力できた

「000156」が表示された

先頭に「0」が付く会員IDは、たとえば「000125」と入力しても、セルに表示されるのは「125」です。これは、会員IDが数値として認識されるためです。「0」を表示するには、会員IDを入力する前に、セルの「表示形式」を「文字列」に設定しておく必要があります。

068

選択範囲に「文字列」の形式を設定する

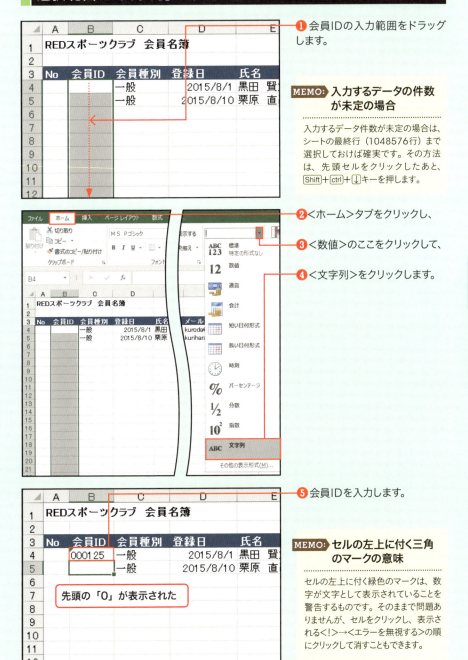

❶ 会員IDの入力範囲をドラッグします。

MEMO: 入力するデータの件数が未定の場合

入力する最終件数が未定の場合は、シートの最終行（1048576行）まで選択しておけば確実です。その方法は、先頭セルをクリックしたあと、[Shift]+[Ctrl]+[↓]キーを押します。

❷ <ホーム>タブをクリックし、

❸ <数値>のここをクリックして、

❹ <文字列>をクリックします。

❺ 会員IDを入力します。

MEMO: セルの左上に付く三角のマークの意味

セルの左上に付く緑色のマークは、数字が文字として表示されていることを警告するものです。そのままで問題ありませんが、セルをクリックし、表示される<!>→<エラーを無視する>の順にクリックして消すこともできます。

SECTION 018 入力

第 2 章 | 倍速で文書を作成する! 入力のテクニック

箇条書きの(1)や(2)を入力する

箇条書きの行頭番号として「(1)」や「1.」は、よく使います。しかし、入力しても「-1」や「1」と表示されてしまいます。これを正しく表示する入力方法があります。数字をかんたんに文字列として表示することができます。

Before 箇条書きの行頭に「(1)」を入力したい

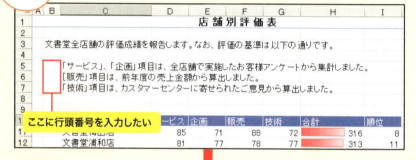

ここに行頭番号を入力したい

After 「(1)」が入力できた

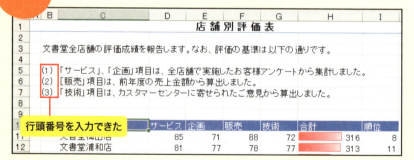

行頭番号を入力できた

括弧付きの数値は、財務処理においてマイナスの値を表す場合があります。そのため、「(1)」は、自動的に「-1」と表示されます。また「1.」は、「1.0」の意味になり「1」と表示されます。いずれも、入力した値が数値として扱われるためです。「'」を付けることで、文字列にすることができます。

箇条書きを入力した通りに表示させる

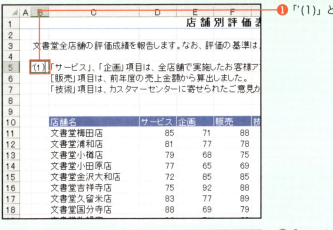

❶「'(1)」と入力します。

❷「(1)」と表示されます。

COLUMN

連続した番号の箇条書きを入力する

文字列として扱われる「(1)」は、オートフィル操作により自動的に連番になります。「(1)」のセルをクリックし、セルの右下角にマウスポインターを合わせてドラッグします。

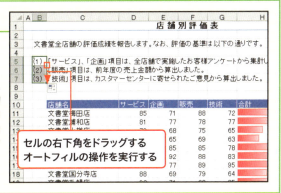

セルの右下角をドラッグする
オートフィルの操作を実行する

SECTION 019 入力

特殊な記号を入力する

第2章｜倍速で文書を作成する！　入力のテクニック

> キーボードにない、あるいは、変換も難しい記号は、特殊記号として入力します。箇条書きの行頭記号などに利用することができます。また、数学で使う特殊な記号や単位記号なども、同じ方法で入力可能です。

Before 行頭文字に「☞」を入力したい

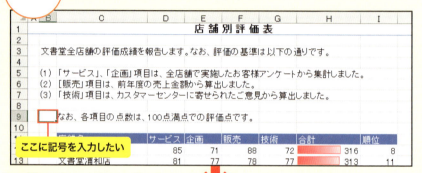

ここに記号を入力したい

After 特殊な記号が入力できた

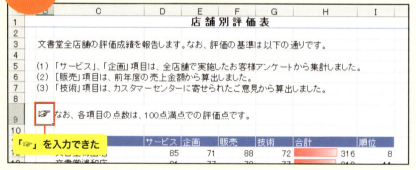

「☞」を入力できた

一般的によく見る記号（「★」や「→」など）は、「ほし」や「やじるし」など、記号名を入力し、変換して出すことができます。しかし、特殊な飾り記号、丸で囲まれた文字、単位記号などは、＜記号と特殊文字＞ダイアログボックスから探して入力します。ダイアログボックスでは、一度使った記号を次回、かんたんに入力することもできます。

特殊な飾り記号を入力する

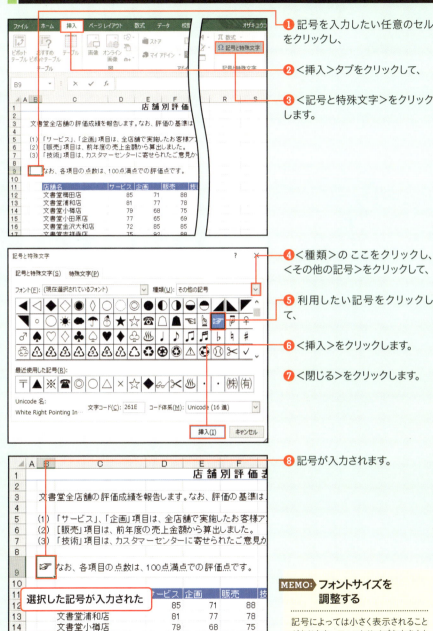

❶ 記号を入力したい任意のセルをクリックし、

❷ <挿入>タブをクリックして、

❸ <記号と特殊文字>をクリックします。

❹ <種類>のここをクリックし、<その他の記号>をクリックして、

❺ 利用したい記号をクリックして、

❻ <挿入>をクリックします。

❼ <閉じる>をクリックします。

❽ 記号が入力されます。

MEMO: フォントサイズを調整する

記号によっては小さく表示されることがあります。フォントサイズを大きくすることで、記号も大きく表示されます。

SECTION 020 入力

第 2 章 | 倍速で文書を作成する！ 入力のテクニック

郵便番号から住所を入力する

住所データは、郵便番号を利用して入力するのがかんたんです。日本語の入力を行う辞書には、郵便番号から住所を変換する「郵便番号辞書」が含まれています。郵便番号の入力、変換で該当する住所を表示します。

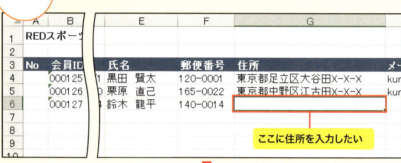

Before 郵便番号を利用して住所を入力したい

ここに住所を入力したい

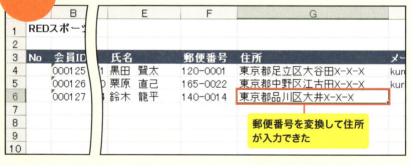

After 住所が入力できた

郵便番号を変換して住所が入力できた

会員名簿の「住所」は、郵便番号を手入力する必要はありません。先に入力した「郵便番号」の番号をコピーし、これを変換します。コピーは、左のセルの内容を右にコピーする[ctrl]+[R]キーで行うことができます。この方法なら、「住所」に郵便番号を入力する手間も省くことができます。

郵便番号を変換して住所を入力する

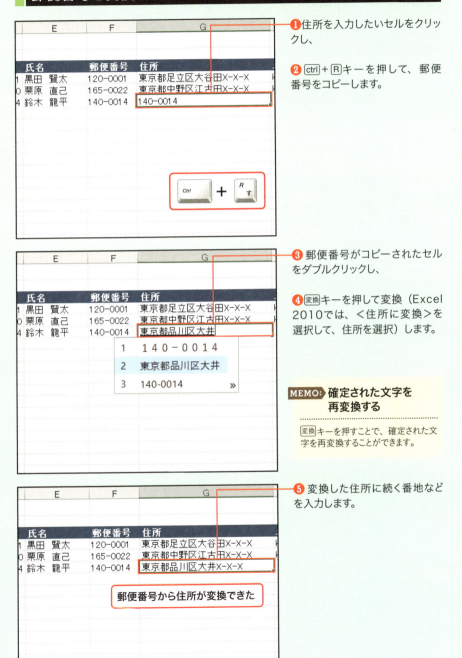

❶ 住所を入力したいセルをクリックし、

❷ Ctrl + R キーを押して、郵便番号をコピーします。

❸ 郵便番号がコピーされたセルをダブルクリックし、

❹ 変換キーを押して変換（Excel 2010では、＜住所に変換＞を選択して、住所を選択）します。

MEMO: 確定された文字を再変換する

変換キーを押すことで、確定された文字を再変換することができます。

❺ 変換した住所に続く番地などを入力します。

郵便番号から住所が変換できた

SECTION 021 連続データ

第 2 章 | 倍速で文書を作成する！ 入力のテクニック

連続した番号を一瞬で入力する

データ件数の多い表には、データに1から始まる連番を入力しておくと、あとでなにかと便利です。連番は、1つ1つ入力するのではなく、セルの内容をコピーする「オートフィル」機能でかんたんに入力することができます。

Before 連続した番号を入力したい

ここに連番を入力したい

After 1から始まる連番が入力できた

連番が入力できた

会員名簿に「No」の項目を用意し、1から始まる連番を入力します。連番を入力するには、最初の2つの数値を入力して「オートフィル」機能を実行します。ここでは、最初の「1」と「2」を入力したあと、範囲を選択して「オートフィル」機能のためのドラッグ操作を行います。

オートフィルで連続した番号を入力する

❶ 連番を入力したいセルに「1」、「2」を入力し、

❷ ドラッグして入力した範囲を選択します。

MEMO: 規則的な連続した数値を入力する

最初の2つの数値を入力することで、始まりの値、増分を指定しています。「10」、「20」と入力した場合、10、20、30、40…と10ずつ増やした番号になります。

❸ 範囲の右下にマウスポインターを合わせてドラッグします。

❹ 連番が入力されます。

◎ COLUMN ☑

連続した日付を入力する

日付の場合は、最初の日付をドラッグするだけで、連続した日付になります。また、「4月」、「月曜日」、「月」など、日付に関する文字列も最初の1つをドラッグするだけで連続データになります。

最初の日付のセルの右下をドラッグする

SECTION 022 連続データ

住所録の名前に「様」を自動的に付ける

▶ 氏名のすべてに「様」を付加するなど、入力済みのデータを同じルールで変更したい場合、「フラッシュフィル」機能を利用することができます。変更前のデータはそのまま残るので、手軽に試すことができます。

Before 氏名に「様」を付けたい

ここに氏名＋様のデータを入力したい

After 氏名に「様」が付いたデータができた

氏名＋様が入力された

「フラッシュフィル」は、ルールに従ってデータを作成することができます。「氏名」の文字列に「様」を付加する場合、「氏名　様」のサンプルを1つ入力します。このサンプルと同じようにほかのデータが作成されます。ほかには、「氏名」に含まれる空白を削除したり、姓と名を別々のセルに分割したりすることができます。

フラッシュフィルで入力する

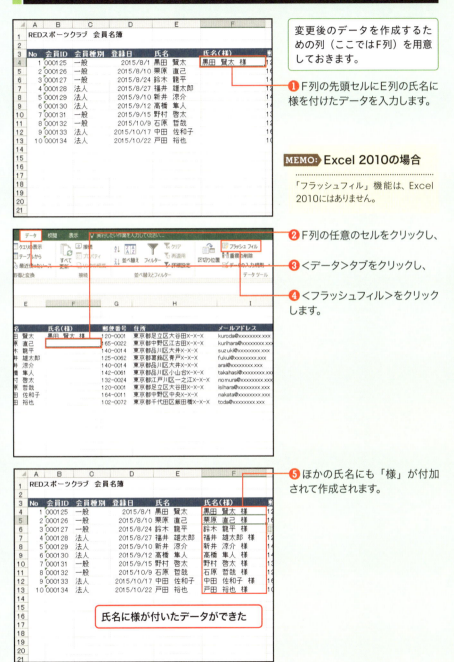

変更後のデータを作成するための列（ここではF列）を用意しておきます。

❶ F列の先頭セルにE列の氏名に様を付けたデータを入力します。

MEMO: Excel 2010の場合

「フラッシュフィル」機能は、Excel 2010にはありません。

❷ F列の任意のセルをクリックし、

❸ <データ>タブをクリックし、

❹ <フラッシュフィル>をクリックします。

❺ ほかの氏名にも「様」が付加されて作成されます。

氏名に様が付いたデータができた

SECTION 023 連続データ

第 2 章 | 倍速で文書を作成する！　入力のテクニック

決まった文字を同じ順序で入力する

自社の店舗名や商品名などをまとめて入力する機会が多い場合、毎回同じ文字列を入力するのは面倒です。「ユーザー設定」にリストを登録しておくことで、入力をかんたんにすることができます。

Before 店舗名をいつでも同じ順序で入力したい

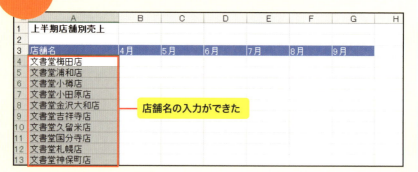

この店舗名を同じ順序で入力したい

After ほかの表に店舗名の一覧を入力できた

店舗名の入力ができた

自社の店舗名は、いろいろな表に入力します。そのたびに、入力したり、コピーしたりするのは面倒です。そこで「ユーザー設定リスト」に店舗名の一覧を登録します。これにより、オートフィル機能ですべての店舗名が入力できるようになります。よく使う一覧を登録しておくと、今後の入力作業が楽になります。

独自の順番で一覧を登録する

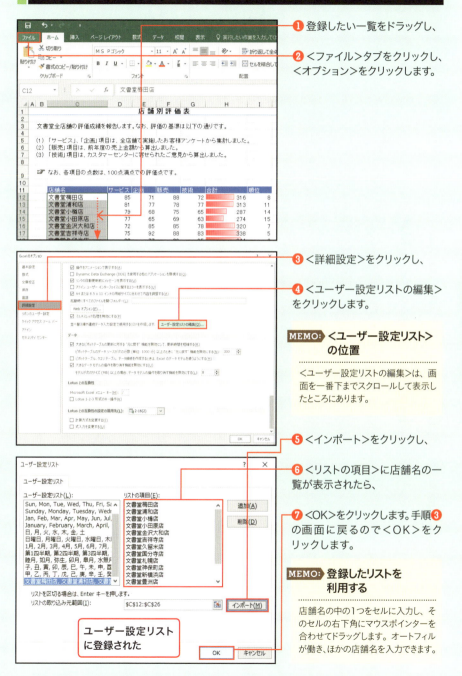

SECTION 024 入力設定の解除

第2章 | 倍速で文書を作成する！ 入力のテクニック

入力時に自動で単語が表示されないようにする

表にデータを入力するとき、先頭の何文字かを入力しただけで、残りの文字が自動表示されることがあります。これは「オートコンプリート」機能が有効になっているためです。邪魔になる場合は、機能を無効にします。

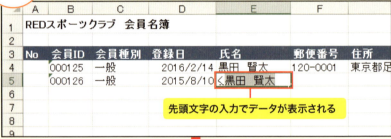

Before 同じ列内のデータの自動表示をやめたい

先頭文字の入力でデータが表示される

After 先頭文字を入力しても自動表示されない

「オートコンプリート」機能が無効になった

同一列内の既存のデータを、最初の何文字かで自動表示するのが「オートコンプリート」機能です。同じデータを何度も入力するときは便利ですが、会員名簿の氏名や住所などの入力には、邪魔になります。このような場合は、「オートコンプリート」機能を無効にします。

「オートコンプリート」を無効にする

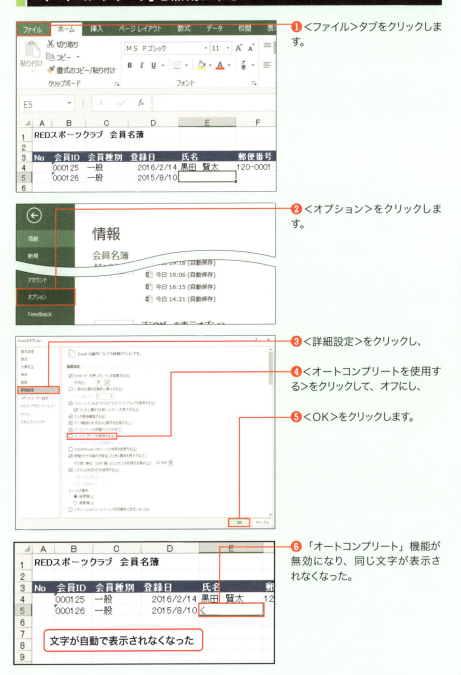

❶ <ファイル>タブをクリックします。

❷ <オプション>をクリックします。

❸ <詳細設定>をクリックし、

❹ <オートコンプリートを使用する>をクリックして、オフにし、

❺ <OK>をクリックします。

❻ 「オートコンプリート」機能が無効になり、同じ文字が表示されなくなった。

SECTION 025 入力設定の解除

第2章 | 倍速で文書を作成する！ 入力のテクニック

アドレスに付いたリンクを解除する

> メールやWebページのアドレスを入力すると、文字列が青色、下線付きになり、自動的にリンクが設定されます。リンクはエクセルの操作に影響を与えるため、不要のときは設定を解除しておきましょう。

Before アドレスのリンクを解除したい

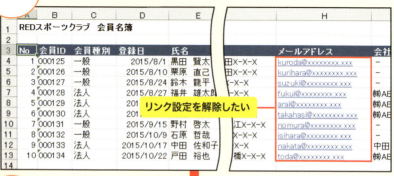

リンク設定を解除したい

After リンクが解除された

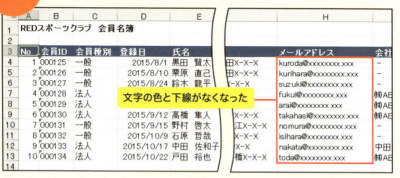

文字の色と下線がなくなった

メールアドレスを入力したセルは、自動的にリンクが設定され、クリックするとメールソフトが起動します。そのため、セルを選択するときは、マウスの左ボタンを長押ししなくてなりません。セルに対し「ハイパーリンクの削除」を行うことで、リンクを取り消すことができます。

メールアドレスのリンクを解除する

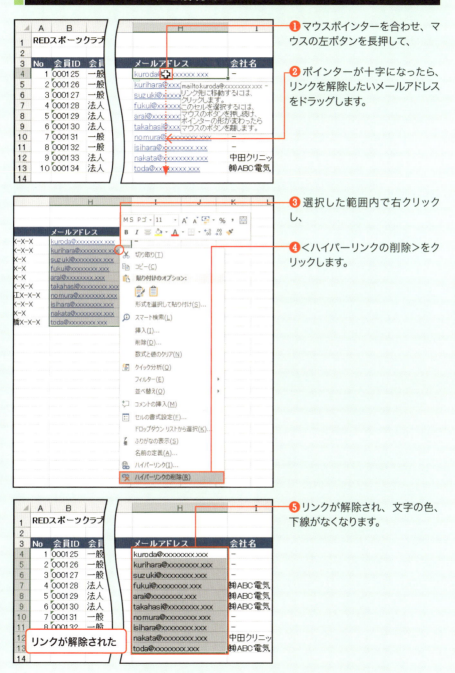

SECTION
026
入力補助

第2章 | 倍速で文書を作成する！ 入力のテクニック

漢字に自動的にフリガナを付ける

 エクセルでは、日本語を入力したときの"かな"がフリガナ情報としてセルに保存されます。通常、フリガナは非表示になっていますが、表示の指定に切り替えることで漢字にフリガナを付けることができます。

Before 氏名にフリガナを付けたい

文字にフリガナを付けたい

After 氏名の文字にフリガナが付いた

文字の上にフリガナが表示された

名前のフリガナは、「氏名」の漢字に直接表示することができます。表示されるのは、セルに漢字を入力したときの"かな"です。実際の読みと異なる場合は、修正も可能です。なお、ほかのアプリケーションで入力した文字をセルにコピーした場合、フリガナは表示されません。

「氏名」のセルにフリガナを表示させる

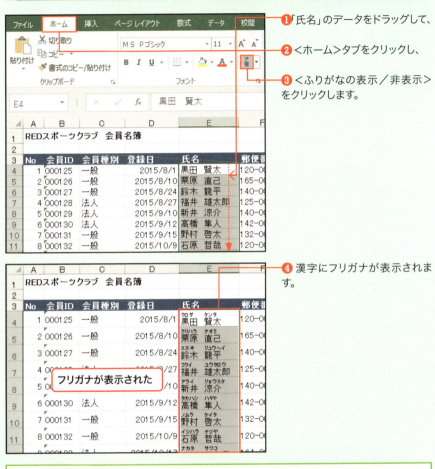

❶「氏名」のデータをドラッグして、

❷ <ホーム>タブをクリックし、

❸ <ふりがなの表示/非表示>をクリックします。

❹ 漢字にフリガナが表示されます。

COLUMN ☑

フリガナを修正する

フリガナを修正したいセルをクリックし、<ホーム>タブの<ふりがなの表示/非表示>の▼をクリックして、<ふりがなの編集>をクリックします。フリガナに文字カーソルが表示され編集可能な状態になるので、正しい読みに修正します。

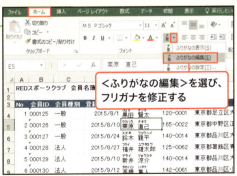

<ふりがなの編集>を選び、フリガナを修正する

SECTION 027 入力補助

第2章 倍速で文書を作成する！ 入力のテクニック

項目の行を固定表示して
データを入力する

データ件数の多い表では、表の下側を表示したとき、先頭行にある項目名が隠れてしまいます。項目名は、データの入力や確認のために表示が欠かせません。常に見えるように固定表示しておきましょう。

Before 項目名が常に見えるようにしたい

表の上に項目名を表示したい

After 項目の行が固定表示できた

シートの3行目より上が常に表示される

表の上部にある項目を固定表示にするには、「ウィンドウ枠の固定」を実行します。このとき、アクティブセルの位置が重要です。アクティブセルより上の行が固定されるため、項目名が3行目にある場合は、アクティブセルを4行目に置いて「ウィンドウ枠の固定」を実行します。

ウィンドウ枠を固定して項目名を常に表示する

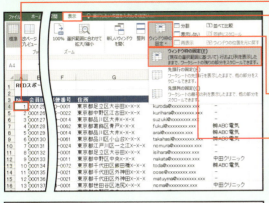

❶ 固定したい項目の1つ下のセル（ここでは[A4]）をクリックし、

❷ <表示>タブをクリックして、

❸ <ウィンドウ枠の固定>をクリックして、

❹ <ウィンドウ枠の固定>をクリックします。

❺ 画面を下方向にスクロールしても、項目が常に表示されます。

MEMO: 先頭の行だけを固定して表示する

<ウィンドウ枠の固定>→<先頭行の固定>の順にクリックした場合、シートの1行目のみ固定されます。

COLUMN

固定表示を解除する

<表示>タブの<ウィンドウ枠の固定>をクリックし、<ウィンドウ枠固定の解除>をクリックします。このとき、アクティブセルの位置は関係ありません。

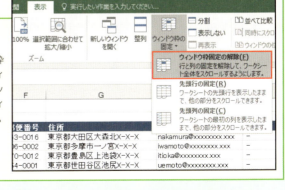

SECTION 028 入力補助

第2章 | 倍速で文書を作成する！ 入力のテクニック

重複データを削除する

> データの件数が多くなると、「重複データ」を目で見て探すのは困難です。重複データを削除する「重複の削除」機能は、すべての項目、あるいは一部の項目が同じデータを探して削除してくれます。

Before 重複するデータを削除したい

（会員ID、氏名が重複するデータを1件にしたい）

↓

After 会員IDと氏名が同じデータが削除できた

（重複するデータが削除された）

会員名簿の場合、「氏名」が同じというだけでは重複データとは限りません。同姓同名のデータかもしれません。「重複の削除」では、どの項目を基準にして重複データと判断するか、項目を指定することができます。ここでは、「No」、「会員種別」、「登録日」以外の項目が同じデータを重複データとみなして削除します。

重複する項目を削除する

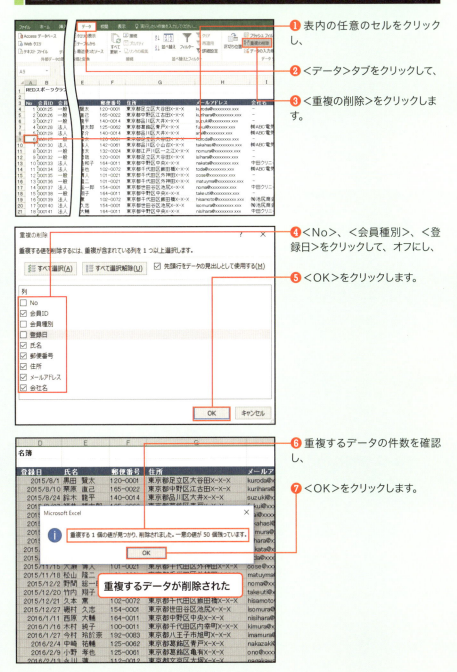

❶ 表内の任意のセルをクリックし、

❷ <データ>タブをクリックして、

❸ <重複の削除>をクリックします。

❹ <No>、<会員種別>、<登録日>をクリックして、オフにし、

❺ <OK>をクリックします。

❻ 重複するデータの件数を確認し、

❼ <OK>をクリックします。

COLUMN

ビジネス文書の書き出し

ビジネス文書は、発信日時、文書番号、宛先、差出人などの配置、体裁が決まっています。社内のルールがあることも多く、その場合はルールに従って文書を作成します。しかし、内容については「拝啓」から始まる慣れない挨拶文など、戸惑うことも多々あります。とくに社外に向けた文書では、間違いや失礼があってはいけません。文書作成の常識としておさえておきましょう。

- 「拝啓」で始まり「敬具」で終わる
- 「拝啓」のあと挨拶や感謝の文章を続ける
- 「さて、」などの言葉で区切って、本題に入る

一般的にビジネス文書は、「謹んで申し上げます」という意味の「拝啓」で始まり、最後は「敬具」で終わります。「拝啓」に続けるのは、次のような挨拶や感謝の文章です。
「拝啓　貴社ますますご盛栄のこととお慶び申し上げます。平素は格別のご高配を賜り、厚く御礼申し上げます。」
このような挨拶文は、文言が決まっていますので悩む必要はありません。ほかの人が作成した文書を参考にするなどして入力しましょう。そのあと行を変えて「さて、」や「早速ですが、」などの言葉に続けて本題に入ります。最後の「敬具」を右寄せして終わりです。このようなルールを覚えておくことが肝心です。

ビジネス文書には、いくつかの決まりがあります。儀礼的なもの、社内で決められたルールなどをおさえておきましょう。

第3章

文書の見た目を整える！
書式設定のテクニック

SECTION

029

文字・セルの飾り

第 3 章 ｜ 文書の見た目を整える！ 書式設定のテクニック

文字に色や太字を設定する

入力した文字の見た目は、文字の色や太字などの飾りで変えることができます。これらの設定は、セル単位に行います。文書のすべての文字を変更したい場合は、シート全体に対して設定します。

Before 文字の色、太さを変えたい

After 文字の色、太さが設定できた

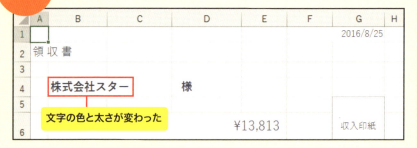

文字の色や太字などの書式は、＜ホーム＞タブの「フォント」グループにあるボタンを使って変更します。ここでは、文書全体の文字の色を変更するために、シート全体を選択したあと「フォントの色」を使います。また、宛先の文字を強調するために、セルを選択して文字を「太字」にします。

範囲を選択して文字の色や太さを設定する

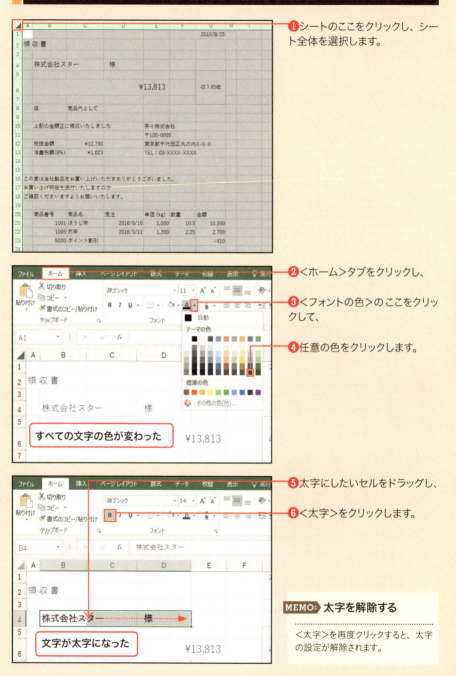

SECTION 第 3 章 文書の見た目を整える！ 書式設定のテクニック

030 セルを塗りつぶす

文字・セルの飾り

セルは、色で塗りつぶすことができます。セルの色は、文字の背景色になるため、文字の色との組み合わせで、目立たせる効果があります。また、塗りつぶしには、模様やグラデーション効果を付けることもできます。

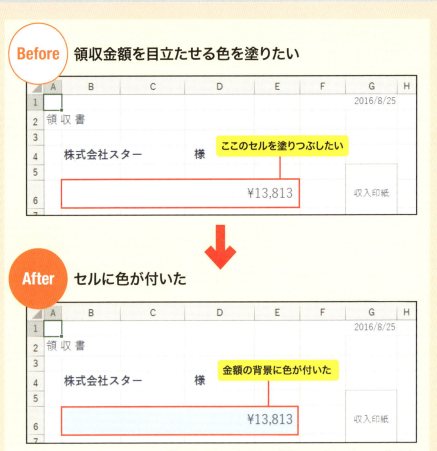

Before 領収金額を目立たせる色を塗りたい

ここのセルを塗りつぶしたい

After セルに色が付いた

金額の背景に色が付いた

セルを塗りつぶすには、セル範囲を選択したあと、「塗りつぶしの色」に表示される色を選びます。色は、設定されている「テーマ」によって異なるため、使いたい色がない場合は「テーマ」を変更します（P.37参照）。ここでは、領収書の金額のセルに色を付けますが、数字がはっきり見えるよう色に配慮しましょう。

セルの背景に色を付ける

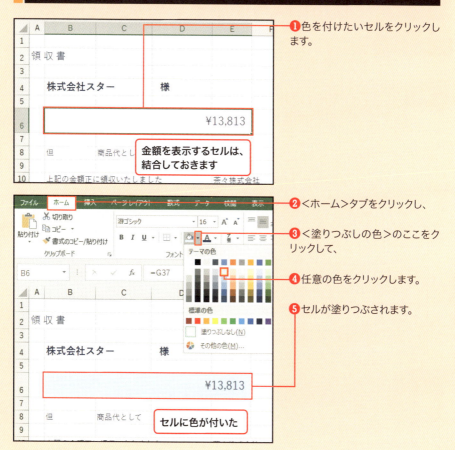

❶色を付けたいセルをクリックします。

❷＜ホーム＞タブをクリックし、

❸＜塗りつぶしの色＞のここをクリックして、

❹任意の色をクリックします。

❺セルが塗りつぶされます。

COLUMN ☑

模様（パターン）やグラデーション効果を設定する

Ctrl + 1 キーを押して、＜セルの書式設定＞ダイアログボックスを表示して設定します。パターンは、＜塗りつぶし＞タブの＜パターンの色＞、＜パターンの種類＞で指定します。グラデーション効果は、＜塗りつぶし効果＞をクリックして指定します。

＜塗りつぶし＞タブでパターンや塗りつぶし効果を指定する

SECTION 031 文字・セルの飾り

第 3 章 | 文書の見た目を整える！ 書式設定のテクニック

セルのスタイルで文書を飾る

▶ 文字のサイズや色、塗りつぶしの色などは、文書の見た目、デザインに影響します。しかし、個別に設定するのは面倒です。そこで、「セルのスタイル」を利用すると、文字のいろいろな書式を一度に設定することができます。

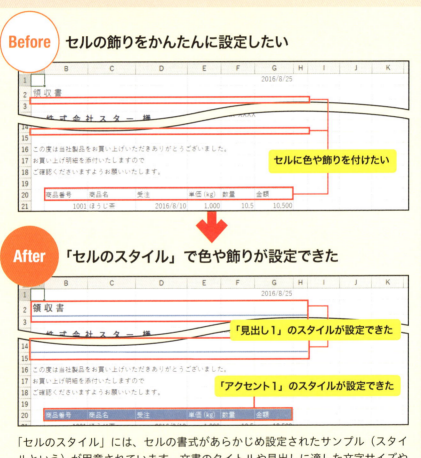

Before セルの飾りをかんたんに設定したい

セルに色や飾りを付けたい

After 「セルのスタイル」で色や飾りが設定できた

「見出し1」のスタイルが設定できた

「アクセント1」のスタイルが設定できた

「セルのスタイル」には、セルの書式があらかじめ設定されたサンプル（スタイルという）が用意されています。文書のタイトルや見出しに適した文字サイズや飾りのサンプルが多数あり、これを使えば、文字の書式をかんたんに設定することができます。また、いつも同じ書式が使えるので、作成した文書に統一感を出すことができます。

「セルのスタイル」を設定する

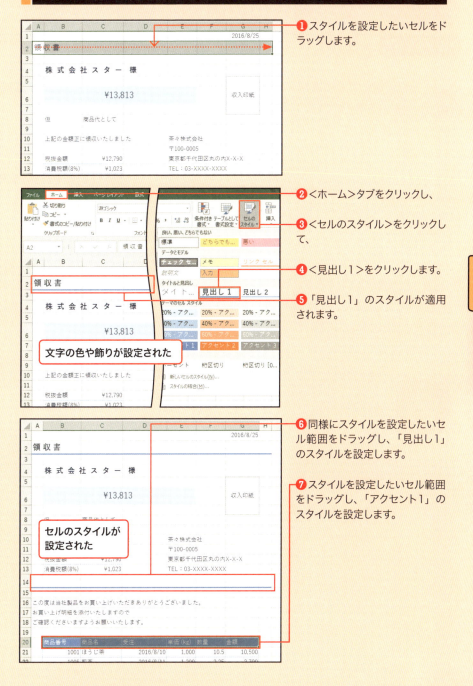

❶ スタイルを設定したいセルをドラッグします。

❷ <ホーム>タブをクリックし、

❸ <セルのスタイル>をクリックして、

❹ <見出し1>をクリックします。

❺ 「見出し1」のスタイルが適用されます。

❻ 同様にスタイルを設定したいセル範囲をドラッグし、「見出し1」のスタイルを設定します。

❼ スタイルを設定したいセル範囲をドラッグし、「アクセント1」のスタイルを設定します。

SECTION 032

文字をセルの縦横中央に配置する

文字の配置

> 入力したデータは、数値ならセルに右寄せで表示されます。文字列なら左寄せで表示されます。また、縦位置は、初期設定ではセルの上下の中央に配置されます。こうした文字の位置は、必要に応じて変更することができます。

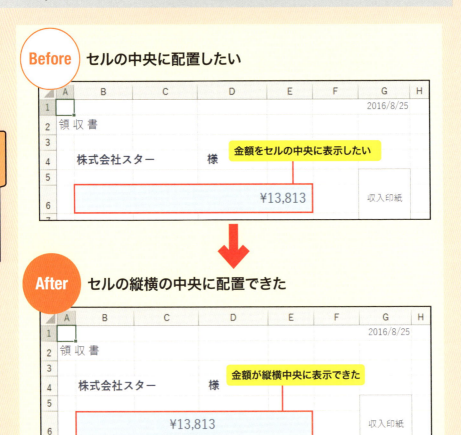

Before セルの中央に配置したい

金額をセルの中央に表示したい

After セルの縦横の中央に配置できた

金額が縦横中央に表示できた

文字の配置は、左右の位置、上下の位置を＜ホーム＞タブに用意されているそれぞれのボタンで設定します。文字をセルの縦横の中央に配置したい場合は、左右の配置は＜中央揃え＞、上下の配置は＜上下中央揃え＞で設定します。なお、上下の配置は、通常は中央に設定されています。

文字の配置を「中央揃え」、「上下中央揃え」に設定する

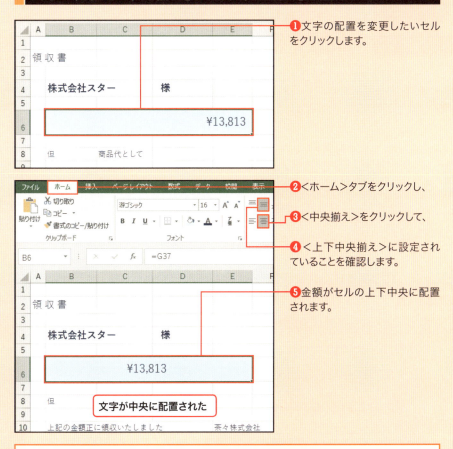

❶ 文字の配置を変更したいセルをクリックします。

❷ <ホーム>タブをクリックし、

❸ <中央揃え>をクリックして、

❹ <上下中央揃え>に設定されていることを確認します。

❺ 金額がセルの上下中央に配置されます。

◎ COLUMN ☑

配置の設定を確認する

左右の位置を決める<左揃え>(Excel 2010では<文字列を左に揃える>)、<中央揃え>、<右揃え>(Excel 2010では<文字列を右に揃える>)、上下の位置を決める<上揃え>、<上下中央揃え>、<下揃え>は、設定が有効になっているボタンに色が付きます。なお、色の付いたボタンを再度クリックすることで設定は解除され、初期状態(上下中央揃え、左右は設定なし)に戻ります。

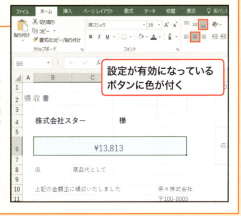

設定が有効になっているボタンに色が付く

SECTION 033 文字の配置

第3章 文書の見た目を整える！ 書式設定のテクニック

セル内で文字列を均等に配置する

エクセルでは、セルの中で文字列を均等に配置することができます。セルに対し「均等割り付け」を設定することで、入力された文字列の文字間隔が調整され、セル幅に合わせて文字の位置が変わります。

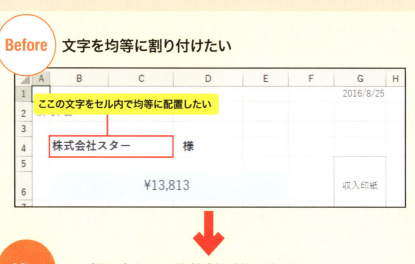

Before 文字を均等に割り付けたい

ここの文字をセル内で均等に配置したい

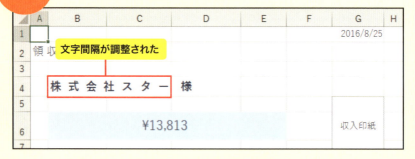

After セル幅に合わせて均等割り付けができた

文字間隔が調整された

文字列をセル幅に合わせて均等に割り付ける「均等割り付け」は、＜セルの書式設定＞ダイアログボックスで設定します。「均等割り付け」が設定されたセルでは、文字数が何文字であっても自動的に均等に割り付けられるようになります。また、セルの幅があとから変わっても常に文字間隔が均等になります。

セルの横位置を均等に配置する

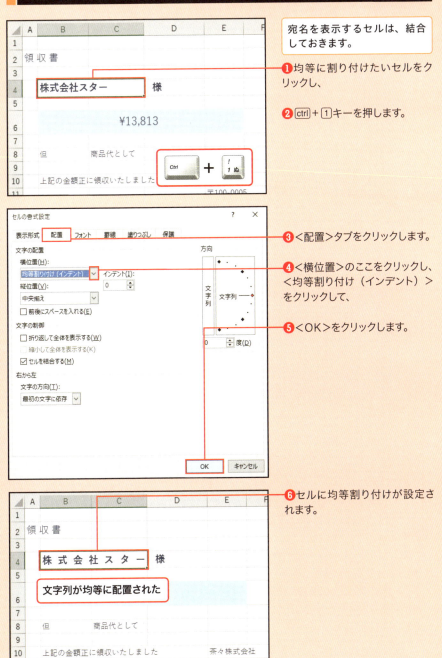

宛名を表示するセルは、結合しておきます。

❶均等に割り付けたいセルをクリックし、

❷ctrl+1キーを押します。

❸<配置>タブをクリックします。

❹<横位置>のここをクリックし、<均等割り付け（インデント）>をクリックして、

❺<OK>をクリックします。

❻セルに均等割り付けが設定されます。

SECTION 034 — 文字の配置

文字の先頭位置を変更する

入力した文字は、セルの左端から表示されます。左端から少しずらしたいという場合は、「インデント」を調整します。インデント機能を使えば、先頭文字を一文字ずつずらすことができ、文字の配置がより自由になります。

Before 文字の位置を右にずらしたい

3行分の文章の文字位置をずらしたい

After 文字の先頭位置が1文字右にずれた

文字位置を調整できた

「インデント」は、文字の先頭位置を決めるものです。＜インデントを増やす＞をクリックするたびに、先頭位置は一文字ずつ右にずれます。そのあと、＜インデントを減らす＞をクリックすると、一文字ずつ左に戻ります。

文字の先頭位置を調整する

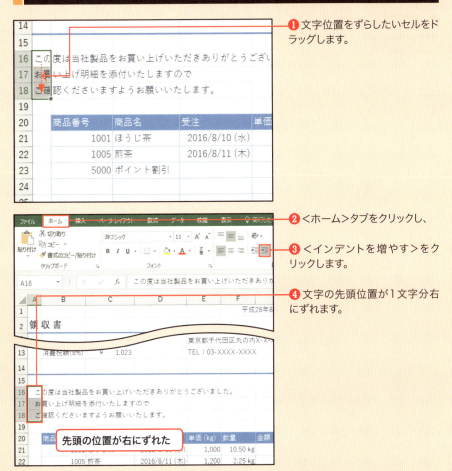

❶ 文字位置をずらしたいセルをドラッグします。

❷ <ホーム>タブをクリックし、

❸ <インデントを増やす>をクリックします。

❹ 文字の先頭位置が1文字分右にずれます。

先頭の位置が右にずれた

COLUMN

右寄せしたセルのインデントを増やす

「右揃え」が設定されたセルは、<インデントを増やす>をクリックすることで、セルの右端の位置が調整されます。つまり文字列の末尾の位置が変わり、この場合、1文字分左にずれます。

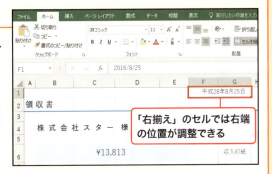

「右揃え」のセルでは右端の位置が調整できる

SECTION 035 書式設定

第3章 文書の見た目を整える! 書式設定のテクニック

桁数の違う金額の「¥」を揃える

通貨記号「¥」は通常、数値の先頭に付きます。そのため、桁数の異なる金額を縦に並べたとき、「¥」の位置が揃いません。「¥」を揃えるには、「会計」の表示形式を使い、さらに「¥」の位置をずらして調整します。

Before 「¥」の位置を揃えたい

¥13,813 収入印紙
但　商品代として
上記の金額　**上下の数値の「¥」を揃えたい**　茶々株式会社
　　　　　　　　　　　　　〒100-0005
税抜金額　　¥12,790　　東京都千代田区丸の内X-X-X
消費税額(8%)　¥1,023　　TEL：03-XXXX-XXXX

After 「¥」の位置が変わった

¥13,813 収入印紙
但　商品代として
上記の金額　**「¥」の表示が揃った**　茶々株式会社
　　　　　　　　　　　　　〒100-0005
税抜金額　　¥　12,790　　東京都千代田区丸の内X-X-X
消費税額(8%)　¥　1,023　　TEL：03-XXXX-XXXX

通常、「¥」を付ける場合、<ホーム>タブの<通貨>の表示形式が使われます。しかし、この表示形式では「¥」の位置が揃いません。「通貨」ではなく「会計」の表示形式にすれば、「¥」をセルの左端に揃えることができます。ここでは、「¥」の位置をずらしたいので「インデント」（P.105参照）で調整します。

通貨記号の表示位置を揃える

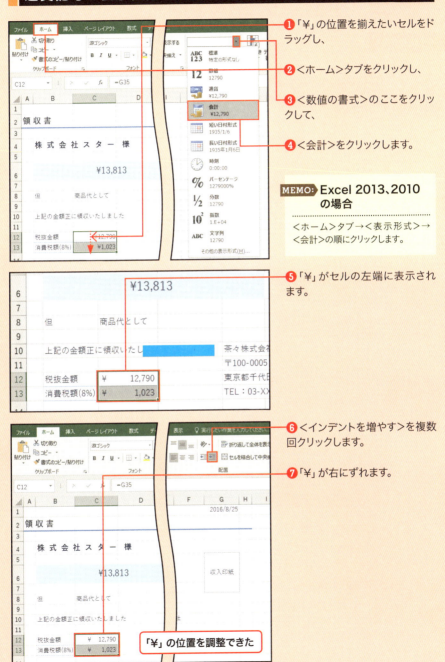

❶「¥」の位置を揃えたいセルをドラッグし、

❷＜ホーム＞タブをクリックし、

❸＜数値の書式＞のここをクリックして、

❹＜会計＞をクリックします。

MEMO: Excel 2013、2010の場合
＜ホーム＞タブ→＜表示形式＞→＜会計＞の順にクリックします。

❺「¥」がセルの左端に表示されます。

❻＜インデントを増やす＞を複数回クリックします。

❼「¥」が右にずれます。

「¥」の位置を調整できた

SECTION 036 書式設定

小数点の位置を揃える

小数点以下の桁が異なる数値を縦に並べた場合、小数点の位置は値ごとにばらばらになってしまい、数値が読みづらくなります。これを解消するには、小数点以下の表示桁数を指定し、小数点の位置を揃えます。

Before 「数量」の小数点の位置を同じにしたい

縦に並んだ数値の小数点の位置を揃えたい

商品番号	商品名	受注	単価(kg)	数量	金額
1001	ほうじ茶	2016/8/10	1,000	10.5	10,500
1005	煎茶	2016/8/11	1,200	2.25	2,700
5000	ポイント割引				-410

After 小数点の位置が揃った

小数点の位置が同じになった

商品番号	商品名	受注	単価(kg)	数量	金額
1001	ほうじ茶	2016/8/10	1,000	10.50	10,500
1005	煎茶	2016/8/11	1,200	2.25	2,700
5000	ポイント割引				-410

小数点以下の表示桁数をかんたんに設定する場合は、＜ホーム＞タブの＜小数点以下の表示桁数を増やす＞や＜小数点以下の表示桁数を減らす＞を使います。なお、小数点以下の桁数が実際の数値データより少ない場合、表示されない桁の数値は自動的に四捨五入されます。

小数点以下の表示桁数を揃える

❶ 小数点の位置を揃えたいセル（ここでは「数量」）をドラッグします。

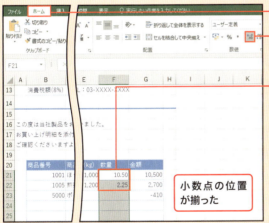

❷ <ホーム>タブをクリックし、

❸ <小数点以下の表示桁数を増やす>をクリックします。

❹ 小数点以下の桁が2桁に揃います。

小数点の位置が揃った

COLUMN

小数点以下の末尾の「0」を非表示にする

小数点以下の表示を2桁にすると、「10.5」は「10.50」のように末尾に「0」が加えられます。この「0」を小数点の位置を変更せずに消すには、P.111を参考に、新しい書式「?.??」を作成します。「?.??」の「?」は桁数を指定しつつ、表示が不要の桁を非表示にします。

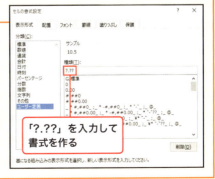

「?.??」を入力して書式を作る

SECTION 037 書式設定

第3章 文書の見た目を整える！書式設定のテクニック

数値に独自の単位を付ける

数値に「kg」や「m」など、単位を表す文字を付けたい場合、文字付きの数値の表示形式を「ユーザー定義」として新しく作ります。この設定をしたセルでは、数値を入力したときに自動的に単位が表示されます。

Before 「数量」に「kg」の単位を表示したい

数値の後ろに「kg」を付けたい

商品番号	商品名	受注	単価(kg)	数量	金額
1001	ほうじ茶	2016/8/10	1,000	10.50	10,500
1005	煎茶	2016/8/11	1,200	2.25	2,700
5000	ポイント割引				-410

After 数値に「kg」が表示された

数値の後ろに「kg」が付いた

商品番号	商品名	受注	単価(kg)	数量	金額
1001	ほうじ茶	2016/8/10	1,000	10.50 kg	10,500
1005	煎茶	2016/8/11	1,200	2.25 kg	2,700
5000	ポイント割引				-410

「数量」の数値に「kg」を付けるため、「ユーザー定義」の表示形式を新しく作ります。「ユーザー定義」では、数値や日付などをどのように表示するかをルールに従って作成します。ここでは、小数点以下の表示桁を2桁にし、「kg」の文字を付加したいので、「ユーザー定義」に「0.00 kg」の形式を作ります。

数値にオリジナルの単位を設定する

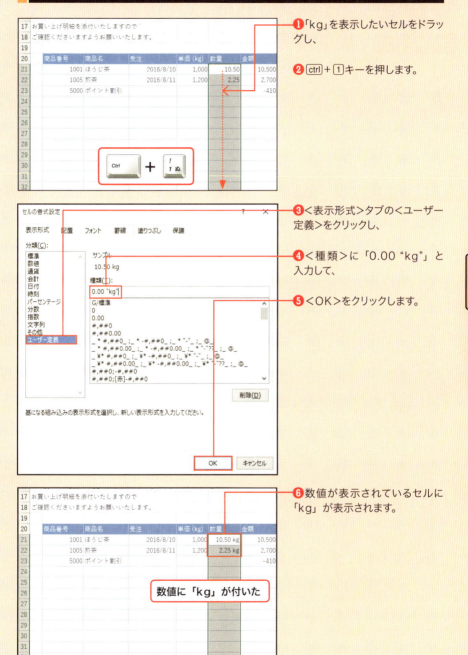

❶「kg」を表示したいセルをドラッグし、

❷ Ctrl +1キーを押します。

❸＜表示形式＞タブの＜ユーザー定義＞をクリックし、

❹＜種類＞に「0.00 "kg"」と入力して、

❺＜OK＞をクリックします。

❻数値が表示されているセルに「kg」が表示されます。

数値に「kg」が付いた

SECTION 038 書式設定

第 3 章 | 文書の見た目を整える！ 書式設定のテクニック

マイナスの数値の表示形式を変更する

> マイナスの値には、いろいろな表示方法が用意されています。財務処理などでは、赤字で表したり、「▲」や括弧を付けて表記します。これらは、表示形式の詳細設定で指定することができます。

Before マイナスの数値を赤字にしたい

	商品番号	商品名	受注	単価(kg)	数量	金額
16	この度は当社製品をお買い上げいただきありがとうございました。					
17	お買い上げ明細を添付いたしますので					
18	ご確認くださいますようお願いいたします。					
19						
20	商品番号	商品名	受注	単価(kg)	数量	金額
21	1001	ほうじ茶	2016/8/10	1,000	10.50 kg	10,500
22	1005	煎茶	2016/8/11	1,200	2.25 kg	2,700
23	5000	ポイント割引				-410

割引金額を赤字にしたい

After マイナスの数値のみ赤字で表示された

	商品番号	商品名	受注	単価(kg)	数量	金額
16	この度は当社製品をお買い上げいただきありがとうございました。					
17	お買い上げ明細を添付いたしますので					
18	ご確認くださいますようお願いいたします。					
19						
20	商品番号	商品名	受注	単価(kg)	数量	金額
21	1001	ほうじ茶	2016/8/10	1,000	10.50 kg	10,500
22	1005	煎茶	2016/8/11	1,200	2.25 kg	2,700
23	5000	ポイント割引				-410

マイナスの金額が赤字になった

マイナスの値をどのように表示するかは、＜セルの表示形式＞ダイアログボックスで選ぶことができます。まず、値に「¥」を付けるかどうかを決めます。「¥」が必要ない場合は、表示形式の「数値」を選んでマイナスの値の表記を決めます。なお、「¥」を付けたい場合は、表示形式の「通貨」を選んでマイナスの値を決めます。

マイナスの数値を赤字で表示する

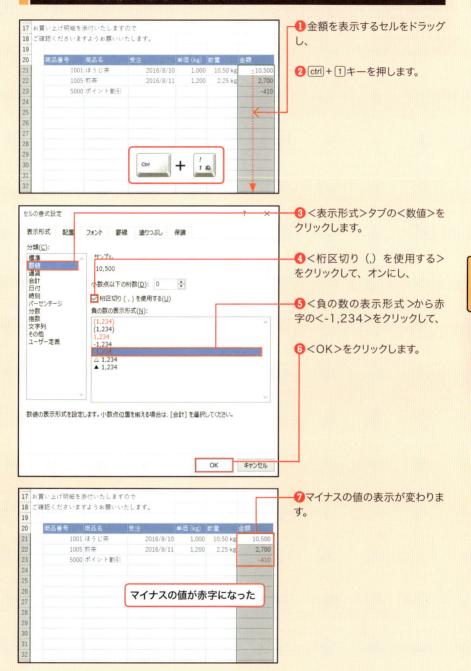

❶ 金額を表示するセルをドラッグし、

❷ [ctrl] + [1]キーを押します。

❸ <表示形式>タブの<数値>をクリックします。

❹ <桁区切り（,）を使用する>をクリックして、オンにし、

❺ <負の数の表示形式>から赤字の<-1,234>をクリックして、

❻ <OK>をクリックします。

❼ マイナスの値の表示が変わります。

マイナスの値が赤字になった

SECTION **039** 書式設定

第 **3** 章 文書の見た目を整える！ 書式設定のテクニック

和暦で日付を表示する

日付は通常、西暦で「2016/8/25」のように表示されますが、「平成28年8月25日」のように和暦の表示に切り替えることができます。日付をどのように表示するのか、＜セルの表示形式＞ダイアログボックスで設定します。

Before 日付を和暦表示にしたい

日付を元号を含む和暦にしたい

After 日付を和暦に表示できた

日付が和暦に変わった

日付は、西暦、和暦のどちらでも表示することができます。通常の表示は西暦ですが、必要に応じて＜セルの表示形式＞の＜カレンダーの種類＞を和暦に変更します。なお、和暦に変更したセルにあとから日付を入力する場合、わざわざ元号などを入力する必要はありません。西暦の「年/月/日」の形式で入力すれば自動的に和暦表示になります。

日付の表示形式を「和暦」に変更する

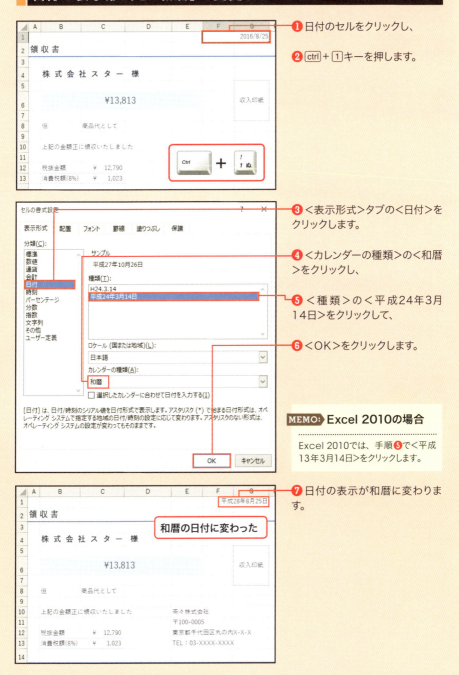

❶ 日付のセルをクリックし、

❷ Ctrl + 1 キーを押します。

❸ <表示形式>タブの<日付>をクリックします。

❹ <カレンダーの種類>の<和暦>をクリックし、

❺ <種類>の<平成24年3月14日>をクリックして、

❻ <OK>をクリックします。

MEMO: Excel 2010の場合

Excel 2010では、手順❺で<平成13年3月14日>をクリックします。

❼ 日付の表示が和暦に変わります。

SECTION 040 書式設定

第3章 文書の見た目を整える！ 書式設定のテクニック

日付に対応する曜日を表示する

日付に曜日を付ける表示形式を設定することができます。曜日付きの表示にすると「2016/2/14」のように日付データを入力するだけで、自動的に対応する曜日が表示されます。

Before 日付を曜日付きにしたい

	A	B	C	D	E	F	G
16	この度は当社製品をお買い上げいただきありがとうございました。						
17	お買い上げ明細を添付いたしますので						
18	ご確認くださいますようお願						
19							
20	商品番号	商品名		受注	単価(kg)	数量	金額
21	1001	ほうじ茶		2016/8/10	1,000	10.50 kg	10,500
22	1005	煎茶		2016/8/11	1,200	2.25 kg	2,700
23	5000	ポイント割引					-410

日付の後ろに曜日を表示したい

After 日付に対応する曜日が表示された

	A	B	C	D	E	F	G
16	この度は当社製品をお買い上げいただきありがとうございました。						
17	お買い上げ明細を添付いたしますので						
18	ご確認くださいますようお願						
19							
20	商品番号	商品名		受注	単価(kg)	数量	金額
21	1001	ほうじ茶		2016/8/10 (水)	1,000	10.50 kg	10,500
22	1005	煎茶		2016/8/11 (木)	1,200	2.25 kg	2,700
23	5000	ポイント割引					-410

括弧付きの曜日が表示された

日付データの表示形式には、「2016/2/14」や「2016年2月14日」、「平成28年2月14日」などがありますが、曜日が含まれるものはありません。「ユーザー定義」に新しい表示形式を作成することで、日付と曜日をいっしょに表示することができます。表示形式では、「aaa」と指定することで、曜日が表示されます。

日付に曜日を表示させる

❶ 曜日を表示したい日付のセルをドラッグし、

❷ Ctrl + 1 キーを押します。

❸ <表示形式>タブの<ユーザー定義>をクリックし、

❹ <種類>に「yyyy/m/d(aaa)」と入力して、

❺ <OK>をクリックします。

MEMO: 曜日の表示形式

曜日の表示形式は、以下のように指定します。

表示単位	表示
aaa	月
aaaa	月曜日
ddd	Mon
dddd	Monday

❻ 日付に（）で括られた曜日が表示されます。

日付とともに曜日が表示された

SECTION 041 書式設定

第3章 文書の見た目を整える！ 書式設定のテクニック

数値を漢字で表示する

セルに入力した数値は、漢字で表すことができます。「セルの表示形式」には、「123,400」を「十二万三千四百」と表すものと「壱拾弐萬参千四百」と表す2種類の漢数字が用意されています。

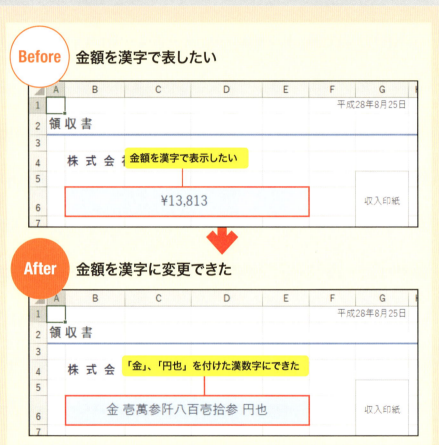

Before 金額を漢字で表したい

金額を漢字で表示したい

¥13,813

After 金額を漢字に変更できた

「金」、「円也」を付けた漢数字にできた

金 壱萬参阡八百壱拾参 円也

領収書では、金額の改ざんを防ぐために数字を漢字で表記する慣習があります。これに対応するのが「セルの書式設定」に用意されている<漢数字>と<大字>です。また、文字の追加を防ぐために「金 壱拾弐萬参千四百 円也」のように、前後に「金」、「円也」の文字を入れます。これを入力するには、表示形式の「ユーザー定義」を作成する必要があります。

金額を漢字で表示する

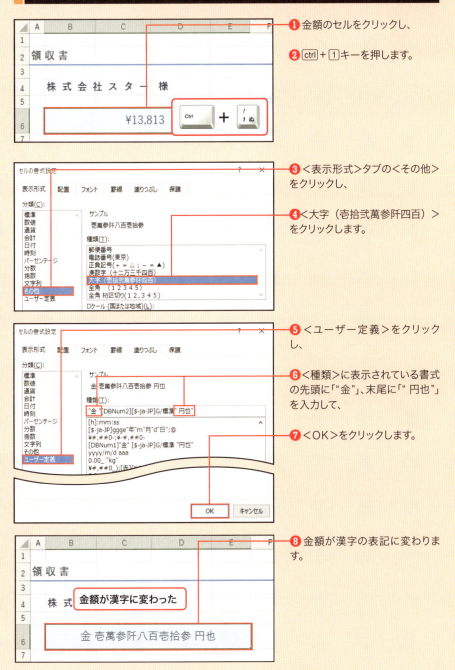

❶ 金額のセルをクリックし、

❷ Ctrl + 1 キーを押します。

❸ ＜表示形式＞タブの＜その他＞をクリックし、

❹ ＜大字（壱拾弐萬参阡四百）＞をクリックします。

❺ ＜ユーザー定義＞をクリックし、

❻ ＜種類＞に表示されている書式の先頭に"金"、末尾に" 円也"を入力して、

❼ ＜OK＞をクリックします。

❽ 金額が漢字の表記に変わります。

SECTION 042 行や列を非表示にする

第 3 章 | 文書の見た目を整える！ 書式設定のテクニック

行・列の非表示

> エクセルのシートは、行や列を非表示にして隠すことができます。表示の必要がない空白行を非表示にして文書全体を見やすくしたり、印刷時に不要な部分を非表示にしてレイアウトを調整したりするのに役立ちます。

Before 不要な行を隠したい

明細表の不要な空白行をなくしたい

After 金額を漢字に変更できた

空白行が見えなくなった

明細表は、内容によって行数が変わりますが、表を作成するたびに行数を調整するのは面倒です。そこで、あらかじめ想定される最大行数で明細表を作成しておきます。行数が少ない明細のときは、空白行が目立ってしまうので、空白行を非表示にします。この方法なら、明細内容に合った表に仕上げることができます。

空白行を非表示にする

❶ 非表示にしたい行の行番号をドラッグします。

MEMO：列を非表示にする

列番号をドラッグして列単位で範囲を選択します。

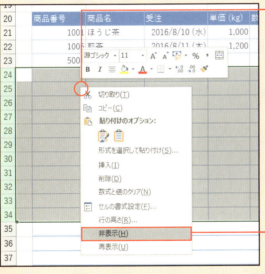

❷ 選択した範囲の任意の位置を右クリックし、

❸ ＜非表示＞をクリックします。

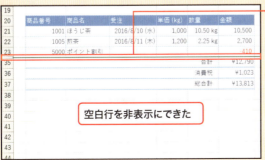

❹ 選択した行が非表示になります。

MEMO：非表示にした行を再表示させる

非表示にした行を含めてドラッグ（ここでは23～35行）し、右クリックして、＜再表示＞をクリックします。

COLUMN

数値の右端が微妙にずれる原因

数値の表示形式をいろいろと変えていると、位置が微妙にずれて列内で揃わなくなることがあります。数値は、セル内で右寄せになるのが普通ですが、表示形式によっては数値の右端に1桁の空白が表示されます。これがずれる原因です（左図参照）。
＜数値の書式＞から選ぶ＜数値＞、＜通貨＞の表示形式では、負の値の表示が「(100)」のように括弧でくくる形式になっています。会計処理などの帳票で使われる形式ですが、負の値を「(100)」と表示するため、正の値には右端に空白を挿入し、桁が揃うように調整しています。また、＜数値の書式＞から選ぶ＜会計＞では、負の値の表示に関係なく、セルの左端、右端に空白が入る設定になっています。このように、設定する表示形式により微妙な違いがあることを覚えておきましょう。
なお、負の値の表示は、＜セルの書式設定＞ダイアログボックスで選ぶことができます。負の値が存在しない場合でも、桁を揃えるために指定しましょう。

表示形式により正の値の右端の位置が異なる。同じ列に違う表示形式を設定する場合は、注意が必要。

[ctrl]＋[1]キーを押すと表示される＜セルの書式設定＞ダイアログボックスでは、負の値の表示形式を選ぶことができる。

第4章

複雑なレイアウトで作成する！
Excel方眼紙のテクニック

SECTION **043** 第4章 複雑なレイアウトで作成する！ Excel方眼紙のテクニック

シートを方眼紙として利用する

方眼紙の基本

列幅と行の高さを同じにし、セルを正方形にすると、シートが方眼紙のようになります。複雑な罫線の表や図面を作成するときには、方眼紙が有効です。しかし、方眼紙にはデメリットもあるので、注意しましょう。

sample1 方眼紙で罫線が複雑な表が作成できる

罫線を多用する表ができる

sample2 方眼紙で地図を作成できる

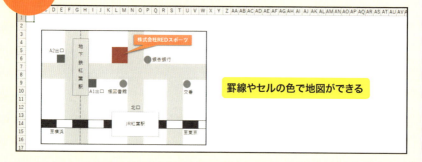

罫線やセルの色で地図ができる

セルを小さくした方眼紙のシートでは、罫線を多用することができ、罫線の入り組んだ表や地図などの作成に向いています。文字の入力は、セルを結合すればできます。しかし、罫線や結合したセルがあるために、あとから体裁を変えるのは困難になります。

方眼紙のシートを活用する

シフトや作業の進捗状況を表すガントチャート表は、方眼紙のセルに色を付けて作成することができます。

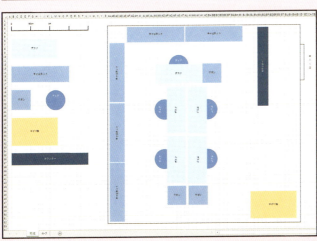

設計図や配置図は、罫線や図形を組み合わせて作成します。図形を配置するとき、方眼紙のセルを目安にすることができます。

第4章 ≫ 方眼紙の基本

COLUMN

方眼紙のデメリット

方眼紙のシートでは、表の体裁を変更するのに手間がかかります。たとえば、図の「氏名」の幅を変えたいとき、「氏名」が1列に入力してあれば、列幅を変更するだけですが、方眼紙では、セルの結合を解除し、セルを削除して、罫線を引き直す、という面倒な操作が必要です。このようなデメリットがあることを理解しておきましょう。

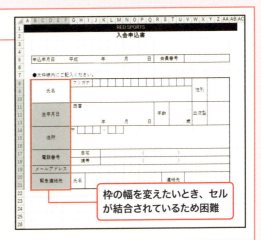

枠の幅を変えたいとき、セルが結合されているため困難

SECTION 044 列幅と行の高さを揃えて方眼紙を作成する

方眼紙の設定

第4章 | 複雑なレイアウトで作成する！ Excel方眼紙のテクニック

> 列幅と行の高さを同じにすれば、シートを方眼紙のように設定することができます。列幅をサイズの小さい行の高さのほうに合わせるとかんたんです。そのために、まず行の高さを確認しましょう。

Before シートを方眼紙のようにしたい

方眼紙のように使いたい

After セル幅と高さが同じ方眼紙ができた

方眼紙ができた

列幅、行の高さは、列番号、行番号の境界線をドラッグすれば変更することができます。このとき、サイズが表示されるので、同じ値になるように変更します。なお、シートの行の高さは、設定されているテーマ、既定のフォントにより異なります。

セルの高さを確認して幅を同じにする

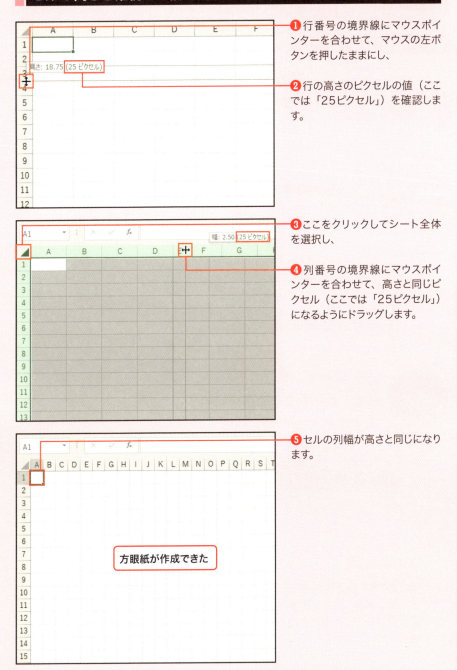

❶ 行番号の境界線にマウスポインターを合わせて、マウスの左ボタンを押したままにし、

❷ 行の高さのピクセルの値（ここでは「25ピクセル」）を確認します。

❸ ここをクリックしてシート全体を選択し、

❹ 列番号の境界線にマウスポインターを合わせて、高さと同じピクセル（ここでは「25ピクセル」）になるようにドラッグします。

❺ セルの列幅が高さと同じになります。

方眼紙が作成できた

SECTION 045 | 方眼紙の設定

方眼紙の列幅と行の高さを固定する

列幅、行の高さを変えたくない場合は、「シートの保護」を設定します。「シートの保護」の詳細設定により、列幅や高さを変える操作を禁止することができます。方眼紙の体裁を保持したいとき有効です。

Before 列幅、行の高さが変わらないようにしたい

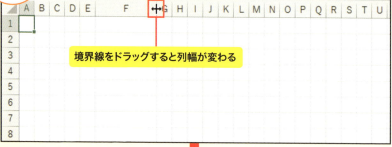

境界線をドラッグすると列幅が変わる

After 列幅、行の高さが固定できた

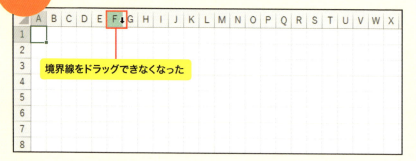

境界線をドラッグできなくなった

列幅、行の高さの固定は、「シートの保護」で行います。「シートの保護」は、データの編集、改ざんを防ぐときによく使います（P.163参照）。その場合は、データの入力やセルの編集をすべて不可にしますが、ここでは、「行の書式設定」、「列の書式設定」の変更のみ不可にし、それ以外の操作は可能にします。

列幅や高さを変更できないようにする

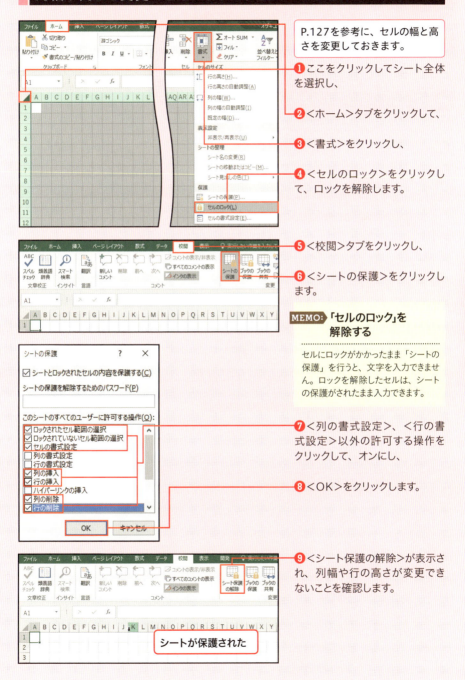

SECTION 046 方眼紙に複雑なレイアウトの表を作成する

方眼紙の利用

第4章 | 複雑なレイアウトで作成する！ Excel方眼紙のテクニック

> セルの幅や高さを同じにした方眼紙状のシートは、枠のサイズがいろいろな複雑な罫線の表を作成するのに向いています。文字を入力する箇所は、セルを結合し、中央揃えや左揃えなどの文字位置の指定をします。

Before 方眼紙シートに表を作成したい

表を作りたい

After 複雑なレイアウトの表ができた

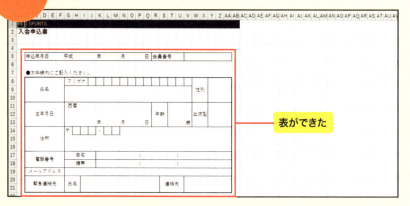

表ができた

申込書のように、複雑な罫線を多用する表は、罫線を引きながら表の体裁を整えていきましょう。文字を入力する欄は、セルを結合して作ります。結合したあとは、セルの挿入や削除がしにくくなるため、表全体の体裁がある程度できてから、最後に行うのがポイントです。

複雑なデザインの表を作成する

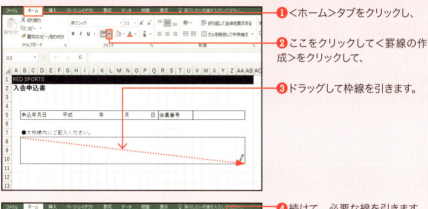

① <ホーム>タブをクリックし、

② ここをクリックして<罫線の作成>をクリックして、

③ ドラッグして枠線を引きます。

④ 続けて、必要な線を引きます。

⑤ 罫線を引き終わったら、[ESC]キーを押して、解除します。

> **MEMO: 罫線の色や種類を変更する**
>
> P.49の方法で、罫線の色や種類を指定します。色や種類は、罫線を引く前に決めておく必要があります。

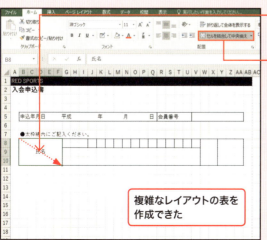

⑥ 文字を入力する欄は、セル範囲をドラッグし、

⑦ <セルを結合して中央揃え>をクリックして、

⑧ 文字を入力していきます。

複雑なレイアウトの表を作成できた

> **MEMO: セルを結合するタイミング**
>
> 枠を広げたい、あるいは、逆に小さくしたいときは、セルの挿入、削除を行いますが、結合したセルがあるとうまくいきません。そのため、セルの結合はなるべくあとで行うようにします。

第4章 方眼紙の利用

SECTION 047 方眼紙にガントチャート表を作成する

第4章 複雑なレイアウトで作成する！ Excel方眼紙のテクニック

方眼紙の利用

方眼紙の細かいセルを利用して、スケジュールやプロジェクトを管理するガントチャート表を作ることができます。セルに色を付けて棒状に見せることで、作業の計画や進捗状況を視覚的に表現します。

Before プロジェクト管理表を作成したい

作業ごとの開始日～終了日がわかる表を作りたい

After プロジェクト管理表ができた

スケジュールがわかる色が付いた

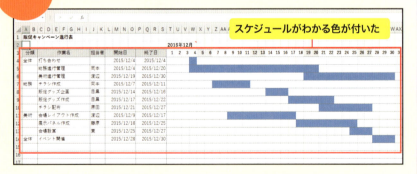

プロジェクト管理の表は、作業ごとのスケジュールを管理するものです。日付に対応するセルを色で塗りつぶして表に仕上げます。なお、「開始日」、「終了日」を入力したとき、自動的にセルに色が付くようにするには、「条件付き書式」を設定します。

開始日から終了日に自動的に色を設定する

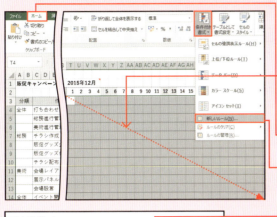

P.127を参考に、セルの幅、高さを同じにし、作業名や開始日、終了日などを入力します。

❶ ガントンチャート表を作成したいセル(ここでは[T4]〜[AX30])をドラッグし、

❷ <ホーム>タブをクリックし、

❸ <条件付き書式>→<新しいルール>の順にクリックします。

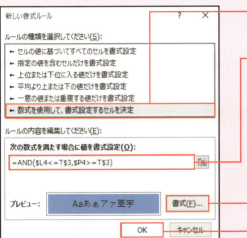

❹ <数式を使用して、書式設定するセルを決定>をクリックし、

❺ 「=AND($L4<=T$3,$P4>=T$3)」を入力して、

❻ <書式>をクリックして、表示された画面で<塗りつぶし>タブをクリックし、任意の塗りつぶしの色を選択して、<OK>をクリックします。

❼ <OK>をクリックします。

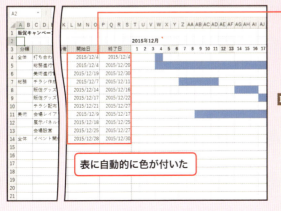

❽ 「開始日」、「終了日」を入力します。

❾ 自動的に色が付きます。

MEMO: 自動的に色を付ける条件式

手順❺で入力する式「=AND($L4<=T$3,$P4>=T$3)」は、[T3]〜[AX3]の日付が「開始日」以上、「終了日」以下、の2つの条件を満たす場合、という意味です。

第4章 方眼紙の利用

SECTION 048 方眼紙の利用

第4章 複雑なレイアウトで作成する！ Excel方眼紙のテクニック

方眼紙に配置図を作成する

シートを方眼紙に設定し、図面や設計図を作ることができます。たとえば、マス目を10cm四方に見立てて、実際のサイズに合わせた、部屋の間取り図や配置図を作ります。図面は、罫線や図形を使って仕上げます。

Before 実際のサイズに合わせた配置図を作りたい

オフィスの備品を配置する図を作りたい

After 備品の移動が可能な配置図ができた

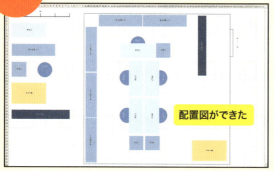

配置図ができた

オフィスのデスクやキャビネットの配置を表す「備品配置図」を作ります。セルを10cm四方に見立て、まずオフィスの間取りを罫線を引いて作ります。デスクなどの備品は、移動できるように図形にしますが、セルと同じサイズになるようにセルをコピーして図形を作るのがポイントです。

実際のサイズに合わせたセルを図として配置する

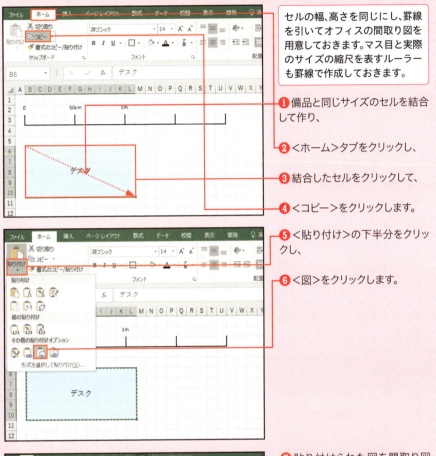

セルの幅、高さを同じにし、罫線を引いてオフィスの間取り図を用意しておきます。マス目と実際のサイズの縮尺を表すルーラーも罫線で作成しておきます。

❶ 備品と同じサイズのセルを結合して作り、

❷ <ホーム>タブをクリックし、

❸ 結合したセルをクリックして、

❹ <コピー>をクリックします。

❺ <貼り付け>の下半分をクリックし、

❻ <図>をクリックします。

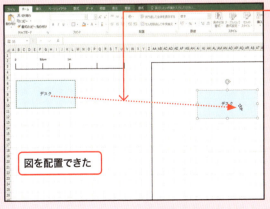

❼ 貼り付けられた図を間取り図上にドラッグして配置します。

❽ ほかの備品も同様に配置します。

> **MEMO: セルの大きさと同じ図形ができる**
>
> 備品の図形は、<挿入>タブの<図形>から操作するのではなく、セルをコピーして図として貼り付けます。かんたんにセルと同じサイズにできます。

SECTION **049** 方眼紙の利用

第 4 章 | 複雑なレイアウトで作成する！ Excel方眼紙のテクニック

方眼紙に地図を作成する

地図は、方眼紙シートのセルを塗りつぶして作ることができます。セルに色を付けて、道路や線路、建物にします。セルの罫線も組み合わせ、線と色で手軽に地図を作ることができます。

Before 地図を作りたい

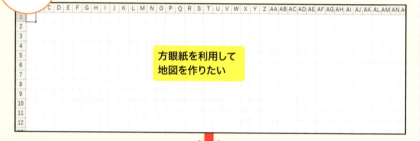

方眼紙を利用して地図を作りたい

After 地図が作成できた

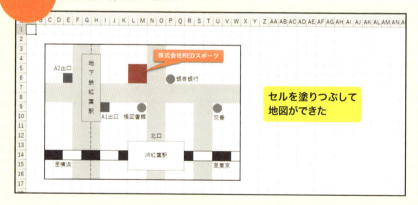

セルを塗りつぶして地図ができた

地図を作るには、道路や建物を図形で描く方法がありますが、図形のサイズや位置の調整に手間がかかります。方眼紙シートならセルを塗りつぶすだけなので、手間がかかりません。なお、地図は新しいシートに作成し、必要に応じてほかのシートに貼り付けて使います。

方眼紙に地図を作る

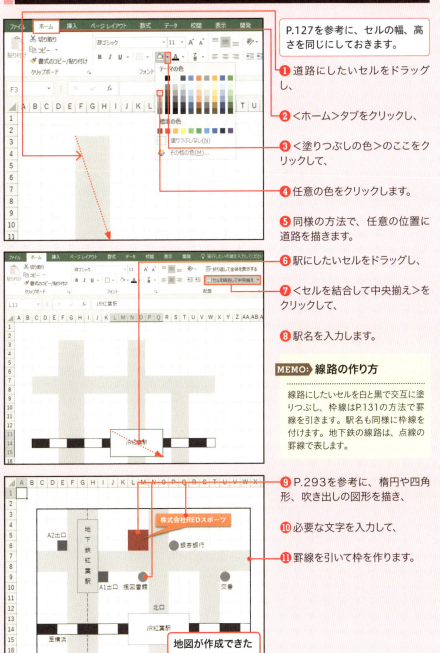

P.127を参考に、セルの幅、高さを同じにしておきます。

❶ 道路にしたいセルをドラッグし、

❷ <ホーム>タブをクリックし、

❸ <塗りつぶしの色>のここをクリックして、

❹ 任意の色をクリックします。

❺ 同様の方法で、任意の位置に道路を描きます。

❻ 駅にしたいセルをドラッグし、

❼ <セルを結合して中央揃え>をクリックして、

❽ 駅名を入力します。

MEMO: 線路の作り方

線路にしたいセルを白と黒で交互に塗りつぶし、枠線はP.131の方法で罫線を引きます。駅名も同様に枠線を付けます。地下鉄の線路は、点線の罫線で表します。

❾ P.293を参考に、楕円や四角形、吹き出しの図形を描き、

❿ 必要な文字を入力して、

⓫ 罫線を引いて枠を作ります。

地図が作成できた

SECTION 050 方眼紙の利用

第4章 複雑なレイアウトで作成する！ Excel方眼紙のテクニック

方眼紙の地図を文書に貼り付ける

文書に地図を入れたいときは、方眼紙シートに作成した地図をコピーして、文書に貼り付けます。その際、地図を図として貼り付けます。図にすることでサイズや位置の調整がかんたんになります。

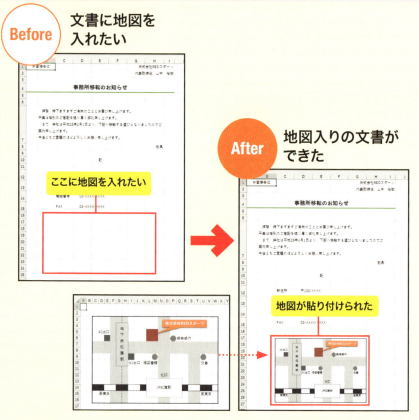

方眼紙シートの地図をほかのシートに貼り付けたいとき、通常の＜貼り付け＞では、地図が貼り付け先の列幅や高さと同じになり、縦横比が崩れてしまいます。方眼紙シートの見たままのイメージを図形として貼り付ける方法なら、地図の体裁が崩れることはありません。ただし、見たままが貼り付けられるので、方眼紙シートのセルの枠線は非表示にしておく必要があります。

地図を図として貼り付ける

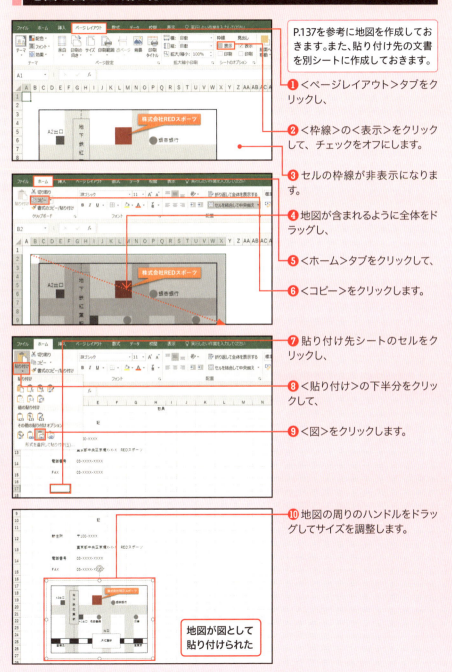

P.137を参考に地図を作成しておきます。また、貼り付け先の文書を別シートに作成しておきます。

❶ <ページレイアウト>タブをクリックし、

❷ <枠線>の<表示>をクリックして、チェックをオフにします。

❸ セルの枠線が非表示になります。

❹ 地図が含まれるように全体をドラッグし、

❺ <ホーム>タブをクリックして、

❻ <コピー>をクリックします。

❼ 貼り付け先シートのセルをクリックし、

❽ <貼り付け>の下半分をクリックして、

❾ <図>をクリックします。

❿ 地図の周りのハンドルをドラッグしてサイズを調整します。

地図が図として貼り付けられた

COLUMN

方眼紙を使うときに気をつけたいこと

シートを方眼紙のように設定して使う方法は、複雑にマス目を組み合わせた表（P.131参照）や地図（P.137参照）を作るのには便利です。ドラッグ操作で罫線を1本ずつ引いたり、色を付けることができ、細かい作りこみができる点で優れています。しかし、このように作成された表は、あとで修正、変更するとき手間がかかります（P.125COLUMN参照）。もしこれが作成者以外の人の手によるなら、表の仕組みがわかりにくく、修正や変更に多大な時間と手間がかかることがあります。エクセルでは、罫線を引くにもいくつかのやり方があり、人によって操作方法が異なるためです。共有する場合は、修正方法を説明するなどの配慮が必要です。

また、データの集計、管理を行う表では、方眼紙の使用は避けなくてはなりません。エクセルでは、横1行に1件のデータ、縦1列に1項目というルールで作られた表において、計算式の入力や並べ替え、検索などの機能が働きます。方眼紙状のシートに作りこまれた表では、エクセルの機能を十分に活用できないことを覚えておきましょう。

複雑にマス目を組み合わせた表などは、方眼紙シートで作成するのが便利。ただし、作成者以外の人には不便に感じることもある。

第5章

誤入力を防止する！
定型文書のテクニック

SECTION 051 セルにコメントを付ける

第 5 章 | 誤入力を防止する！ 定型文書のテクニック

> セルの内容に注釈を付けるのが「コメント」です。付箋メモを貼る感覚で利用することができます。自分自身の覚書きや、ほかの人への指示やメッセージなど多くの使い方ができます。

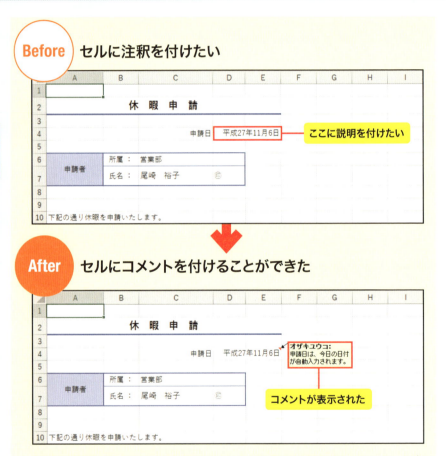

Before セルに注釈を付けたい

ここに説明を付けたい

After セルにコメントを付けることができた

コメントが表示された

「休暇申請書」は、ほかの人と共有することを前提に作成します。そこで、入力時の注意などを「コメント」を利用して入力します。ここでは、「申請日」の説明が表示されるようにします。

セルに新しいコメントを設定する

❶ コメントを付けたいセルをクリックし、

❷ <校閲>タブをクリックし、

❸ <新しいコメント>(Excel 2013、2010では<コメントの挿入>)をクリックします。

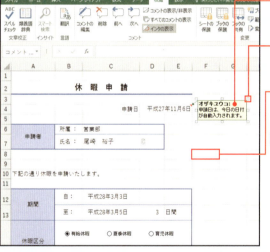

❹ コメントの枠内に文字を入力し、

❺ 枠の周りのここをドラッグしてサイズを調整して、

❻ コメント以外のセルをクリックし、コメントの編集を終了します。

MEMO: コメントの見出しを変更する

コメントの1行目には、<Excelのオプション>ダイアログボックスに設定されているユーザー名が自動的に表示されます。不要なら、コメントを入力するとき削除します。「注意」などの別の文字に書き換えることもできます。

❼ 右上に赤いマークが表示されたセルにマウスポインターを合わせて、コメントの表示を確認します。

MEMO: コメントを編集/削除する

セルをクリックし、<校閲>タブの<コメントの編集>、または<削除>をクリックします。

SECTION 052 コメント

第 5 章 | 誤入力を防止する！ 定型文書のテクニック

コメントを常に表示する

> セルごとに付けられる「コメント」は、そのセルにマウスポインターを合わせたとき表示されます。しかし、コメントに気づかないこともあるため、ここでは常にコメントが表示されるようにします。

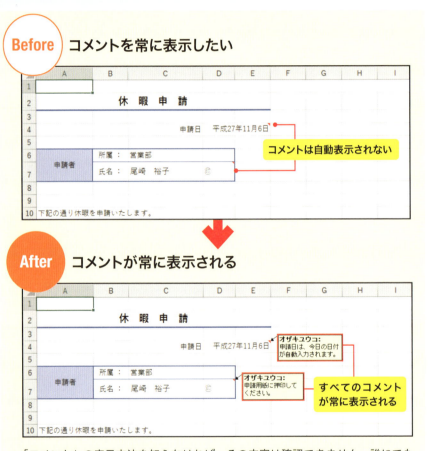

Before コメントを常に表示したい

コメントは自動表示されない

After コメントが常に表示される

すべてのコメントが常に表示される

「コメント」の表示方法を知らなければ、その内容は確認できません。誰にでもすぐに内容がわかるようにするには、コメントを常に表示します。複数のコメントがある場合は、すべてのコメントを表示するか、特定のコメントのみ表示するか指定することができます。

＜すべてのコメントの表示＞を有効にする

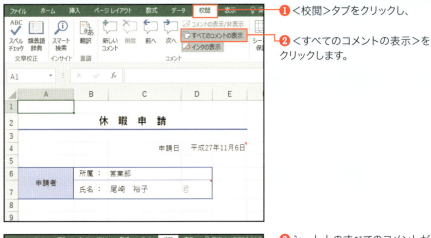

❶ ＜校閲＞タブをクリックし、

❷ ＜すべてのコメントの表示＞をクリックします。

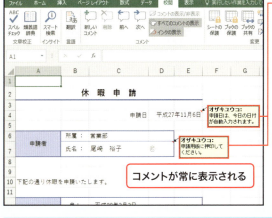

❸ シート上のすべてのコメントが固定表示されます。

MEMO：すべてのコメントを非表示にする

再度、＜すべてのコメントの表示＞をクリックします。

◎ COLUMN ☑

特定のコメントを常に表示する

コメントが複数のセルにある場合、コメントごとに表示と非表示を設定できます。特定のコメントを常に表示するには、コメントのセルをクリックし、＜校閲＞タブの＜コメントの表示／非表示＞をクリックします。

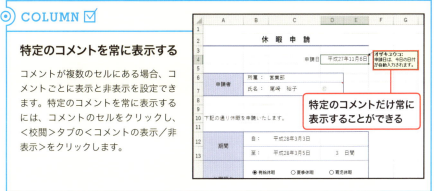

SECTION
053
入力規則

第 5 章 | 誤入力を防止する！ 定型文書のテクニック

入力時にメッセージを表示する

入力するデータにルールや制限がある場合は、セルをクリックしたときにその説明が表示されるようにします。データを入力する前に必ずメッセージが表示されるので、誤入力を防ぐことができます。

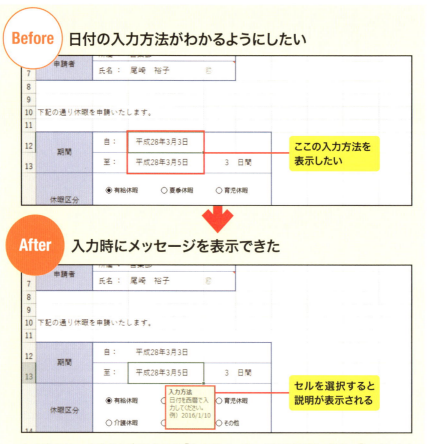

セルをクリックすると表示される「入力時メッセージ」を設定します。「コメント」（P.143参照）とよく似ていますが、コメントはマウスポインターを合わせるとメッセージが表示されます。「入力時メッセージ」は、セルをクリックしたときに表示されます。

「入力時メッセージ」を設定する

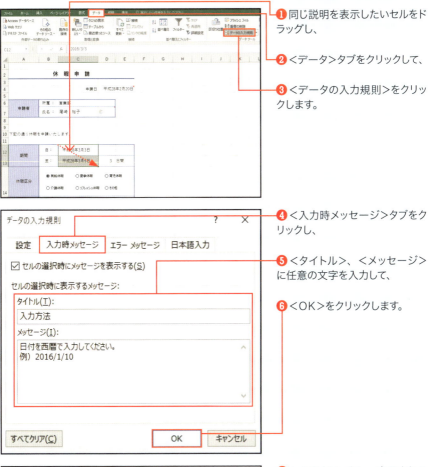

❶ 同じ説明を表示したいセルをドラッグし、

❷ <データ>タブをクリックして、

❸ <データの入力規則>をクリックします。

❹ <入力時メッセージ>タブをクリックし、

❺ <タイトル>、<メッセージ>に任意の文字を入力して、

❻ <OK>をクリックします。

❼ セルをクリックし、表示されるメッセージを確認します。

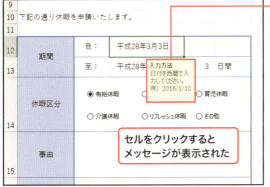

SECTION 054 入力規則

第 5 章 | 誤入力を防止する！ 定型文書のテクニック

特定のデータ以外を入力不可にする

入力するデータが限定されているセルに、入力条件を付けることができます。「0〜10までの整数」しか入力できないようにするなど、おもに、数値や日付を入力するセルに細かく条件を指定します。

Before 間違ったデータも入力できてしまう

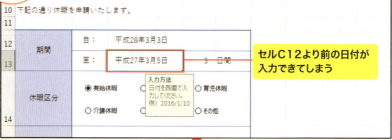

セルC12より前の日付が入力できてしまう

After 間違ったデータを入力不可にする

間違ったデータを入力したときエラーメッセージが表示できた

「休暇申請書」では、「期間」に2つの日付を入力しますが、終了日には開始日以降の日付しか入力できないように条件を設定します。誤って入力すると、エラーメッセージが表示されます。なお、エラーメッセージは独自のものに変更することもできます（P.151参照）。

入力の条件を設定する

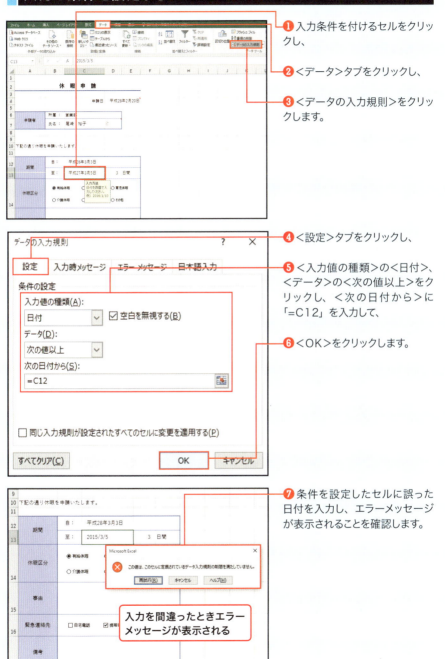

❶ 入力条件を付けるセルをクリックし、

❷ <データ>タブをクリックし、

❸ <データの入力規則>をクリックします。

❹ <設定>タブをクリックし、

❺ <入力値の種類>の<日付>、<データ>の<次の値以上>をクリックし、<次の日付から>に「=C12」を入力して、

❻ <OK>をクリックします。

❼ 条件を設定したセルに誤った日付を入力し、エラーメッセージが表示されることを確認します。

入力を間違ったときエラーメッセージが表示される

SECTION 055 入力規則

第 5 章 | 誤入力を防止する！ 定型文書のテクニック

無効なデータに エラーメッセージを表示する

「データの入力規則」では、入力するデータを制限し、誤った入力にはエクセルのエラーメッセージを表示します。このメッセージは変更することができます。入力内容に合わせて、わかりやすい内容にしましょう。

Before 間違ったデータを入力したときにメッセージを表示したい

エクセルの既定のエラー画面が表示される

After 正しい入力を促すメッセージを表示できた

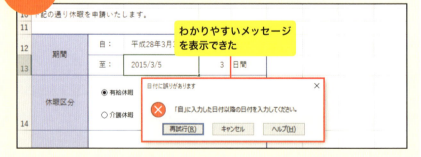

わかりやすいメッセージを表示できた

「データの入力規則」では、入力の条件（P.149参照）とともに、エラー時に表示されるメッセージの種類、内容を指定することができます。＜スタイル＞には、＜停止＞、＜注意＞、＜情報＞の3つがあり、これにより、表示されるボタンが異なります。

正しい入力を促すメッセージを設定する

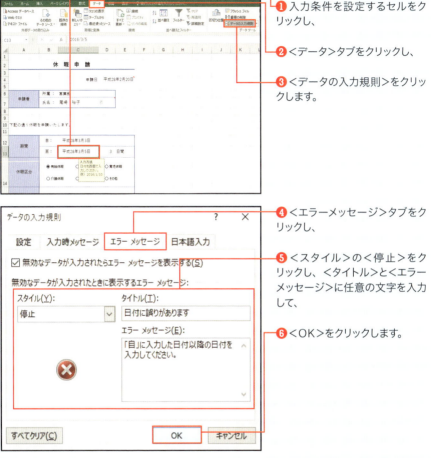

❶ 入力条件を設定するセルをクリックし、

❷ <データ>タブをクリックし、

❸ <データの入力規則>をクリックします。

❹ <エラーメッセージ>タブをクリックし、

❺ <スタイル>の<停止>をクリックし、<タイトル>と<エラーメッセージ>に任意の文字を入力して、

❻ <OK>をクリックします。

❼ 条件を設定したセルに誤った日付を入力し、エラーメッセージを確認します。

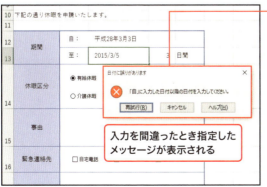

入力を間違ったとき指定したメッセージが表示される

MEMO: 表示されるメッセージ

手順❺の<スタイル>では、<停止>、<注意>、<情報>の3種類から選択できます。<停止>は<再試行>を表示します。<注意>は、操作を続けるかどうかを聞く<はい>、<いいえ>を表示します。<情報>はメッセージを消す<OK>を表示します。

SECTION 056 入力規制

第 5 章 | 誤入力を防止する！ 定型文書のテクニック

セルに日本語入力の オン／オフを設定する

> データを入力するときIME（日本語入力システム）のオン／オフの切り替えは、手動で行いますが、これを自動化することができます。IMEがセルごとに自動的に変わるので、切り替える必要がなくなります。

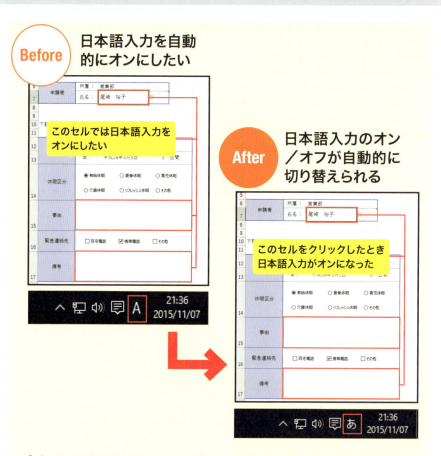

「データの入力規則」では、セルごとにIME（日本語入力システム）の状態を設定することができます。ここでは、日本語を入力する<氏名>や<事由>、<備考>のセルをクリックすると、自動的にIMEがオンになるように設定します。

日本語入力を自動でオンにする

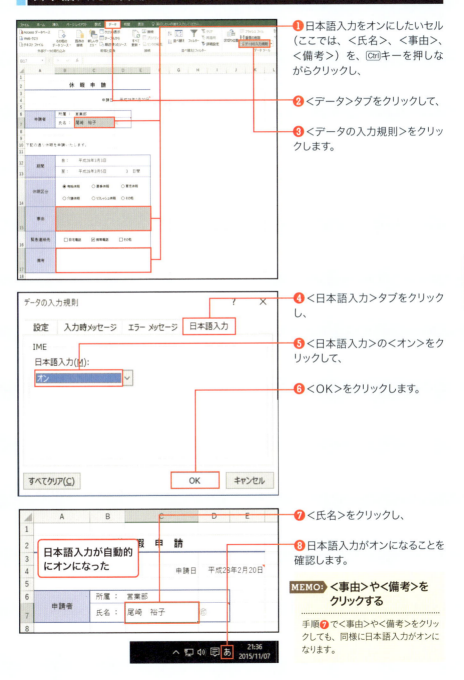

❶ 日本語入力をオンにしたいセル（ここでは、＜氏名＞、＜事由＞、＜備考＞）を、Ctrlキーを押しながらクリックし、

❷ ＜データ＞タブをクリックして、

❸ ＜データの入力規則＞をクリックします。

❹ ＜日本語入力＞タブをクリックし、

❺ ＜日本語入力＞の＜オン＞をクリックして、

❻ ＜OK＞をクリックします。

❼ ＜氏名＞をクリックし、

❽ 日本語入力がオンになることを確認します。

MEMO: ＜事由＞や＜備考＞をクリックする

手順❼で＜事由＞や＜備考＞をクリックしても、同様に日本語入力がオンになります。

SECTION 057 入力規則

第 5 章 | 誤入力を防止する！ 定型文書のテクニック

選ぶだけで入力できるリストを設定する

入力するデータがいくつかの決まった種類しかない場合、リストからデータを選べるようにすることができます。キーボードからの入力が不要になるので、入力ミスを防ぐことができます。

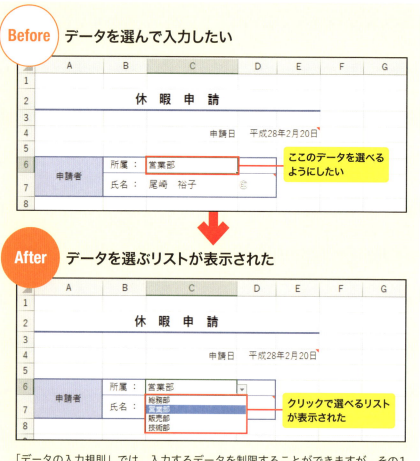

Before　データを選んで入力したい

ここのデータを選べるようにしたい

After　データを選ぶリストが表示された

クリックで選べるリストが表示された

「データの入力規則」では、入力するデータを制限することができますが、その1つに「リスト」があります。リストを設定したセルには、 が表示され、これをクリックすると、選択可能なデータが一覧表示されます。

データを選べる「リスト」を設定する

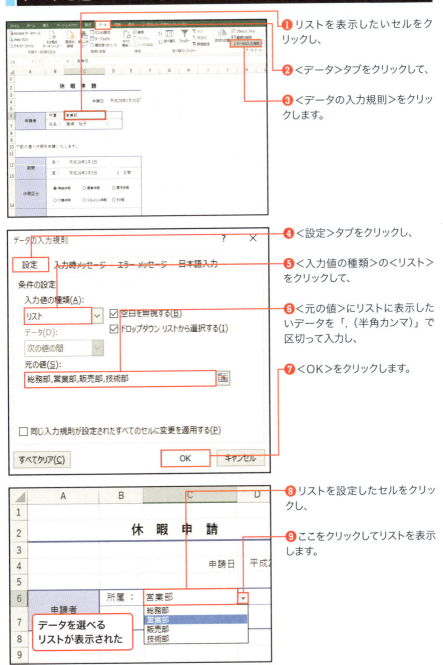

❶ リストを表示したいセルをクリックし、

❷ <データ>タブをクリックして、

❸ <データの入力規則>をクリックします。

❹ <設定>タブをクリックし、

❺ <入力値の種類>の<リスト>をクリックして、

❻ <元の値>にリストに表示したいデータを「,（半角カンマ）」で区切って入力し、

❼ <OK>をクリックします。

❽ リストを設定したセルをクリックし、

❾ ここをクリックしてリストを表示します。

SECTION 058 開発

第 5 章 | 誤入力を防止する！ 定型文書のテクニック

＜開発＞タブを表示する

＞ ＜開発＞タブには、エクセルの操作を自動化するためのさまざまな機能が集められています。「チェックボックス」（P.158参照）や「オプションボタン」（P.160参照）を作成する前に表示します。

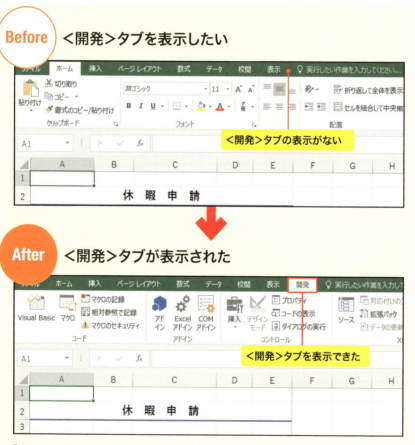

「チェックボックス」、「オプションボタン」は、＜開発＞タブから作成することができます。タブの表示や非表示は＜Excelのオプション＞ダイアログボックスで設定します。

<開発>タブを表示させる

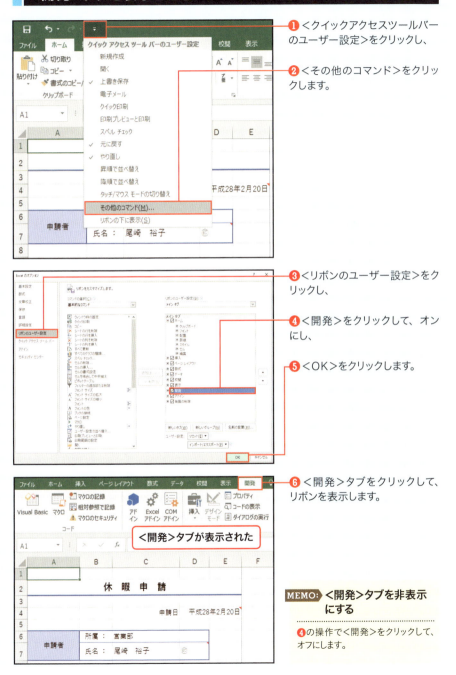

❶ <クイックアクセスツールバーのユーザー設定>をクリックし、

❷ <その他のコマンド>をクリックします。

❸ <リボンのユーザー設定>をクリックし、

❹ <開発>をクリックして、オンにし、

❺ <OK>をクリックします。

❻ <開発>タブをクリックして、リボンを表示します。

<開発>タブが表示された

MEMO: <開発>タブを非表示にする

❹の操作で<開発>をクリックして、オフにします。

SECTION 059 チェックボックス

第5章 誤入力を防止する！ 定型文書のテクニック

チェックボックスを作成する

チェックマークをオンにしたり、オフにしたりできる「チェックボックス」は、マークの有無でYes／No、オン／オフなどを表します。複数並べた場合、どのボックスにもマークを付けることができる複数回答が可能です。

Before チェックボックスを作成したい

チェックボックスを作りたい

After チェックボックスが作成できた

3つのチェックボックスを配置できた

☑自宅電話　☑携帯電話　☐その他

チェックボックスは、シートに配置することができる「コントロール」の一種です。「コントロール」は、データの入力を補助するパーツとして利用します。ここでは、「緊急連絡先」に3つのチェックボックスを用意します。

「チェックボックス」を作成して配置する

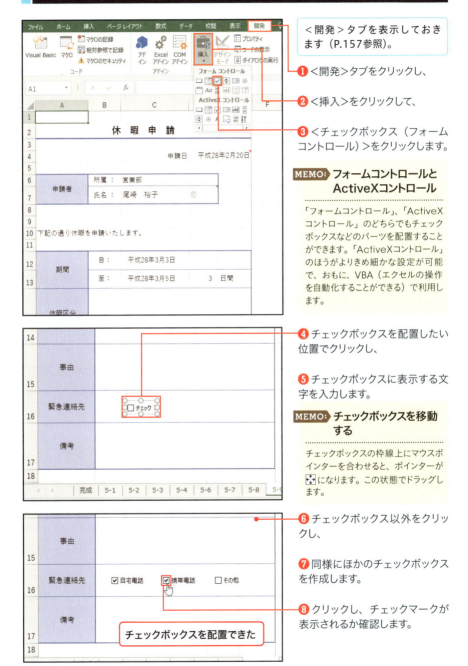

<開発>タブを表示しておきます(P.157参照)。

❶ <開発>タブをクリックし、

❷ <挿入>をクリックして、

❸ <チェックボックス(フォームコントロール)>をクリックします。

MEMO: フォームコントロールとActiveXコントロール

「フォームコントロール」、「ActiveXコントロール」のどちらでもチェックボックスなどのパーツを配置することができます。「ActiveXコントロール」のほうがよりきめ細かな設定が可能で、おもに、VBA(エクセルの操作を自動化することができる)で利用します。

❹ チェックボックスを配置したい位置でクリックし、

❺ チェックボックスに表示する文字を入力します。

MEMO: チェックボックスを移動する

チェックボックスの枠線上にマウスポインターを合わせると、ポインターが✣になります。この状態でドラッグします。

❻ チェックボックス以外をクリックし、

❼ 同様にほかのチェックボックスを作成します。

❽ クリックし、チェックマークが表示されるか確認します。

SECTION 060 オプションボタン

第 5 章 | 誤入力を防止する！ 定型文書のテクニック

どれか1つが選べるオプションボタンを作成する

「オプションボタン」は、クリックしてオンとオフを切り替えることができます。一般的に、複数のオプションボタンを並べたうえで、どれか1つを選択させたいときに利用します。

Before オプションボタンを作成したい

オプションボタンを作りたい

After オプションボタンが作成できた

どれか1つを選べるオプションボタンを配置できた

「オプションボタン」を複数作成した場合、とくに指定しなければ、それらは1つのグループ内の選択肢となります。グループの中では、どれか1つしか選択できません。文書の中でいくつかのグループを作成したい場合は、あとからグループを分けます。

「オプションボタン」を作成して配置する

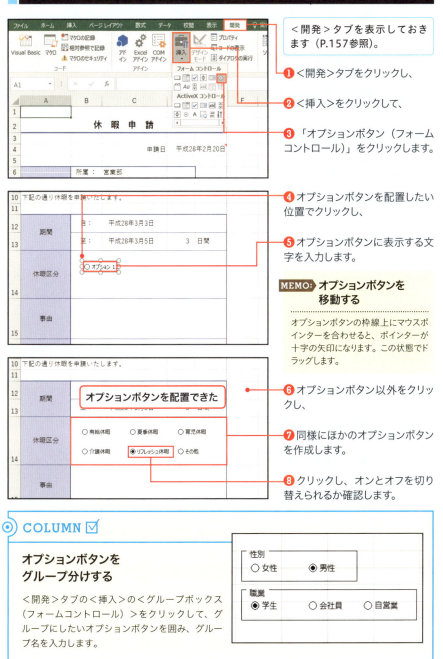

SECTION 061 | データの保護

第 5 章 | 誤入力を防止する！ 定型文書のテクニック

必要箇所だけ入力可能にする

> 必要箇所を書き換えて何度も使う文書は、誤った操作で体裁が崩れたりしないようにシートを保護しておきましょう。必要なセルのみ入力、編集を可能にし、それ以外のセルは不可にします。

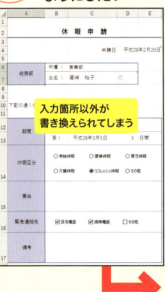

Before 入力箇所以外は書き換えられないようにしたい

入力箇所以外が書き換えられてしまう

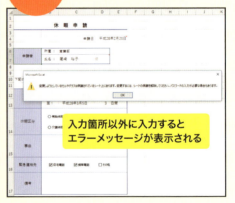

After 入力箇所以外は入力不可にできた

入力箇所以外に入力するとエラーメッセージが表示される

「シートの保護」は、セルの変更を不可にしますが、対象になるのは「ロック」されているセルです。すべてのセルは最初からロックされているため「シートの保護」を実行すると、全部が変更不可になってしまいます。入力が必要なセルは、あらかじめロックを解除しておきます。

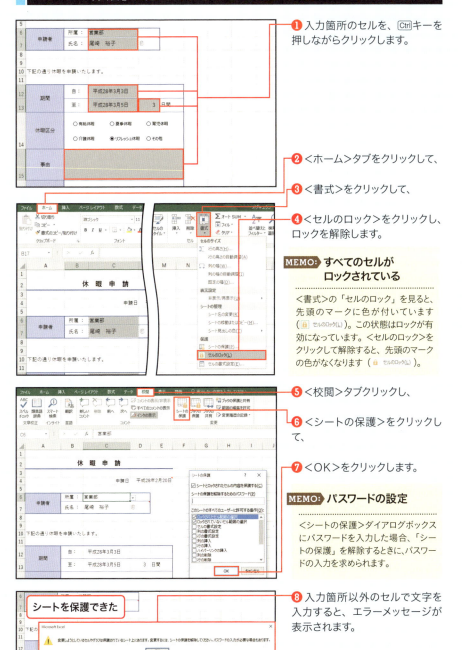

SECTION 062 データの保護

第 5 章｜誤入力を防止する！　定型文書のテクニック

シートを削除できないようにする

「シートの保護」（P.163参照）は、セルの変更を防ぐことはできますが、シートそのものの削除を防ぐことはできません。シートが変更されないようにするには、「ブックの保護」が必要です。

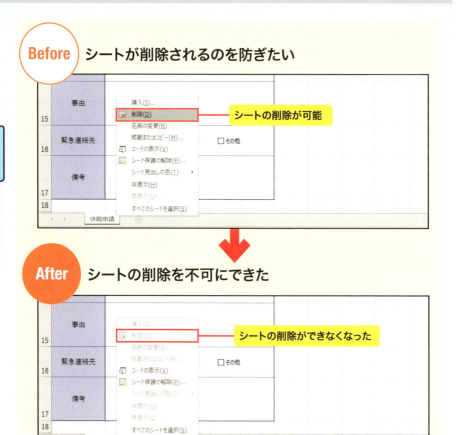

「ブックの保護」を実行すると、シートの削除や移動、新しいシートの挿入など、シートの操作ができなくなります。また、ほかのブックへのシートのコピーも防ぐことができます。「シートの保護」に加え、「ブックの保護」を有効にすることで、文書の保護を確実に行いやすくすることができます。

「ブックの保護」を有効にする

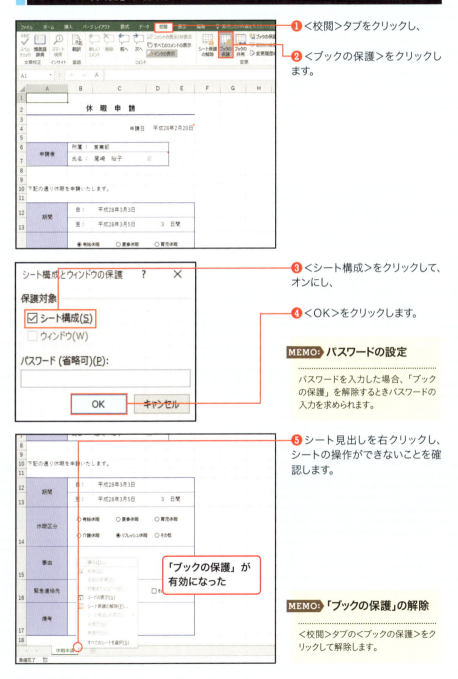

❶ <校閲>タブをクリックし、

❷ <ブックの保護>をクリックします。

❸ <シート構成>をクリックして、オンにし、

❹ <OK>をクリックします。

MEMO: パスワードの設定

パスワードを入力した場合、「ブックの保護」を解除するときパスワードの入力を求められます。

❺ シート見出しを右クリックし、シートの操作ができないことを確認します。

「ブックの保護」が有効になった

MEMO: 「ブックの保護」の解除

<校閲>タブの<ブックの保護>をクリックして解除します。

● COLUMN

セルの読み上げ機能で誤入力を防ぐ

この章では、誤入力を防ぐ「入力規則」などの機能を紹介しましたが、セルの読み上げ機能も入力ミスを防ぐために利用できます。＜Enterキーを押したときにセルを読み上げ＞という名前の機能を使うと、セルに文字や数値を入力したとき、それを読む音声が聞こえます。また、すでに入力済みのデータは、Enterキーを押していくだけで読み上げられます。入力内容を目だけでなく、耳でも確認できるのでデータチェックに利用できます。

ただし、この機能はリボンには存在しないため、＜Enterキーを押したときにセルを読み上げ＞を画面上部のクイックアクセスツールバーに追加して使います。追加したボタンをクリックして、オンにすると機能が有効になりますが、再度クリックして、オフにしない限り、読み上げ続けることになるので注意が必要です。

＜ファイル＞タブの＜オプション＞をクリックし、＜クイックアクセスツールバー＞をクリックします。＜すべてのコマンド＞を選択して、＜Enterキーを押したときにセルを読み上げ＞をクリックして、＜追加＞をクリックする。

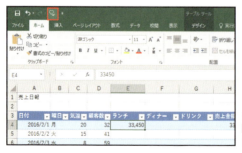

クイックアクセスツールバーに追加された をクリックして有効にしたあと、Enterキーを押すとセルの内容が読み上げられる。

第6章

数値を集計して作成する！
数式&関数のテクニック

SECTION 063 数式を入力する

第6章 | 数値を集計して作成する！ 数式&関数のテクニック

セルの値を足したり、引いたりするかんたんな四則演算は、数式を入力することで演算結果を表示することができます。数式は、書き方のルールに従って、結果を表示したいセルに入力します。

Before 「金額」を求める数式を入力したい

商品コード	商品名	単価	数量	単位	金額
S001	オフィステーブル	25,980	4	個	
S002	オフィスチェア	12,000	20	脚	
S005	サイドワゴン	13,000	5	個	

ここに「単価×数量」の式を入力したい

After 数式を入力できた

商品コード	商品名	単価	数量	単位	金額
S001	オフィステーブル	25,980	4	個	103,920
S002	オフィスチェア	12,000	20	脚	
S005	サイドワゴン	13,000	5	個	

「単価×数量」の計算結果が表示された

エクセルでは数式の先頭に「=」を付ける決まりがあります。また、セルの値を計算に使う場合は、数式にセル位置を示します。ここでは、「=C18*D18」という数式を入力します。このようにセルの位置を指定した式では、セルの値が変わると、計算結果も自動的に変わります。

紙面版 電脳会議 一切無料
DENNOUKAIGI

今が旬の情報を満載してお送りします!

『電脳会議』は、年6回の不定期刊行情報誌です。A4判・16頁オールカラーで、弊社発行の新刊・近刊書籍・雑誌を紹介しています。この『電脳会議』の特徴は、単なる本の紹介だけでなく、著者と編集者が協力し、その本の重点や狙いをわかりやすく説明していることです。現在200号に迫っている、出版界で評判の情報誌です。

毎号、厳選ブックガイドもついてくる‼

『電脳会議』とは別に、1テーマごとにセレクトした優良図書を紹介するブックカタログ（A4判・4頁オールカラー）が2点同封されます。

電子書籍を読んでみよう!

技術評論社　GDP　検索

と検索するか、以下のURLを入力してください。

https://gihyo.jp/dp

1 アカウントを登録後、ログインします。
【外部サービス(Google、Facebook、Yahoo!JAPAN)でもログイン可能】

2 ラインナップは入門書から専門書、趣味書まで1,000点以上!

3 購入したい書籍を🛒カートに入れます。

4 お支払いは「**PayPal**」「**YAHOO!**ウォレット」にて決済します。

5 さあ、電子書籍の読書スタートです!

- **●ご利用上のご注意**　当サイトで販売されている電子書籍のご利用にあたっては、以下の点にご留意
- ■**インターネット接続環境**　電子書籍のダウンロードについては、ブロードバンド環境を推奨いたします。
- ■**閲覧環境**　PDF版については、Adobe ReaderなどのPDFリーダーソフト、EPUB版については、EPUB
- ■**電子書籍の複製**　当サイトで販売されている電子書籍は、購入した個人のご利用を目的としてのみ、閲覧
  ご覧いただく人数分をご購入いただきます。
- ■**改ざん・複製・共有の禁止**　電子書籍の著作権はコンテンツの著作権者にありますので、許可を得ない

セルに数式を入力する

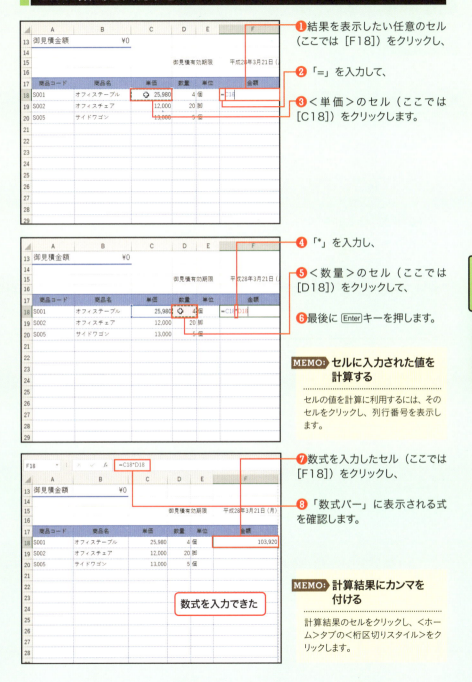

❶ 結果を表示したい任意のセル（ここでは［F18］）をクリックし、

❷ 「=」を入力して、

❸ ＜単価＞のセル（ここでは［C18］）をクリックします。

❹ 「*」を入力し、

❺ ＜数量＞のセル（ここでは［D18］）をクリックして、

❻ 最後に Enter キーを押します。

MEMO: セルに入力された値を計算する

セルの値を計算に利用するには、そのセルをクリックし、列行番号を表示します。

❼ 数式を入力したセル（ここでは［F18］）をクリックし、

❽ 「数式バー」に表示される式を確認します。

数式を入力できた

MEMO: 計算結果にカンマを付ける

計算結果のセルをクリックし、＜ホーム＞タブの＜桁区切りスタイル＞をクリックします。

SECTION 064 数式

数式をコピーする

行や列を変えて同じ計算をする場合は、数式をほかの行や列にコピーします。数式のコピーは、マウスのドラッグ操作だけでかんたんに実行できる「オートフィル」で行います。

Before 「金額」の数式をコピーしたい

17	商品コード	商品名	単価	数量	単位	金額
18	S001	オフィステーブル	25,980	4	個	103,920
19	S002	オフィスチェア	12,000	20	脚	
20	S005	サイドワゴン	13,000	5	個	
21						
22						
23						
24						

この数式を下の行にコピーしたい

After 数式を入力できた

17	商品コード	商品名	単価	数量	単位	金額
18	S001	オフィステーブル	25,980	4	個	103,920
19	S002	オフィスチェア	12,000	20	脚	240,000
20	S005	サイドワゴン	13,000	5	個	65,000
21						0
22						0
23						0
24						0
25						0

それぞれの行の金額が表示された

「オートフィル」は、セルの内容を縦方向や横方向にコピーする機能です。数式をコピーした場合は、その数式がコピー先の行や列に合わせて変わります。コピー先でも使えるように自動的に数式が修正されます。ここでは、セル［F18］の数式「=C18*D18」がコピー先でどのように変わるか確認しましょう。

「オートフィル」でコピーする

P.169を参考に、結果を表示したいセル（ここでは[F18]）に数式（=C18*D18）を入力しておきます。

❶数式（ここでは＝「=C18*D18」）が入力されたセル（ここでは[F18]）をクリックし、

❷セルの右下角にマウスポインターを合わせてドラッグします。

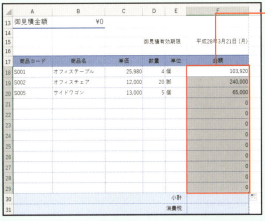

❸数式がコピーされ、それぞれの行の結果が表示されます。

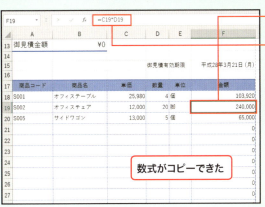

❹コピー先のセルをクリックし、

❺数式バーに表示される数式を確認します。

> **MEMO: 計算対象のセルが変化する**
>
> コピー元（セル[F18]）の式「=C18*D18」は、コピー先の行に合わせて変わります。セル[F19]の式は「=C19*C19」に変化します。

SECTION 065 数式で日付と曜日を表示する

第 6 章 | 数値を集計して作成する！ 数式&関数のテクニック

> 数式では、足したり引いたりする四則演算のほかに、セルを「参照」をすることもできます。セルを参照する式では、特定のセルの内容を別のセルに表示します。これを利用して1か月分の日付や曜日を作成することができます。

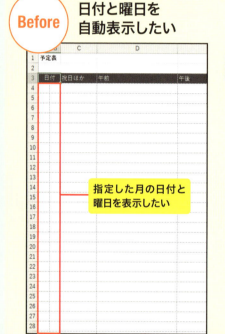

Before 日付と曜日を自動表示したい

指定した月の日付と曜日を表示したい

After 1日（ついたち）の入力で日付と曜日が表示できた

1日（ついたち）を入力すると日付と曜日が表示された

予定表の作成では、すべての日付や曜日を入力する必要はありません。予定表のタイトル替わりに、ここでは、セル［A2］に、月の最初の日付を入力します。この日付を参照して、1か月分の日付と曜日を作成します。この方法なら、セル［A2］を変更するだけで、自動的にその月の日付と曜日が表示されます。

数式を入力して日付と曜日を表示させる

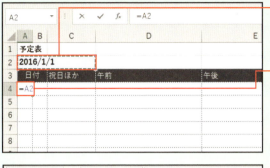

❶ 予定表の基準値として最初の日付をセル（ここでは[A2]）に「年/月/日」の形式で入力し、

❷ 予定表の日付を表示したいセル（ここでは[A4]）に、手順❶で入力した日付を参照する数式「=A2」を入力します。

❸ セル[A5]に、手順❷で表示された日付に1を足す数式「=A4+1」を入力します。

❹ 入力した数式をセルの右下角をドラッグして、セル[A34]までコピーします。

MEMO: 日付の表示形式を変更する

P.117を参考に、＜セルの書式設定＞ダイアログボックスを表示し「ユーザー定義」の表示形式を作成します。「yyyy/mm/dd」の日付を日にちのみの表示するには、「d」の指定にします。

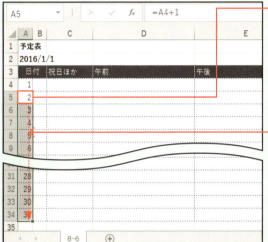

❺ セル[B4]に、日付を参照する数式「=A4」を入力し、

❻ 入力した数式をセルの右下角をドラッグして、セル[B34]までコピーします。

MEMO: 日付を曜日の表示に変更する

P.117を参考に、＜セルの書式設定＞ダイアログボックスを表示し、「ユーザー定義」の表示形式を作成し「aaa」に指定します。

日付と曜日が表示された

SECTION 066 関数

第6章 数値を集計して作成する！ 数式＆関数のテクニック

合計をすばやく計算する

複数の数値を足し算する合計は、＜オートSUM＞でかんたんに入力することができます。合計は、表や文書の内容に問わずよく行う計算です。いつでもすぐに利用できるように＜オートSUM＞が用意されています。

＜オートSUM＞は、合計を求める式を自動的に作成してくれます。＜オートSUM＞をクリックすると、合計したいセル範囲が自動的に選択されます。自動選択された範囲は、間違っている場合もあるため表示された数式を確認します。

<オートSUM>で合計する

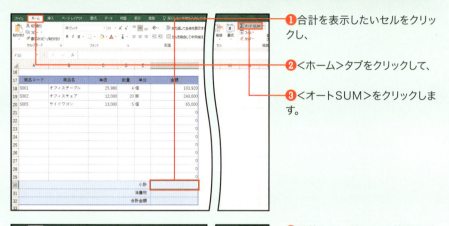

❶合計を表示したいセルをクリックし、

❷<ホーム>タブをクリックして、

❸<オートSUM>をクリックします。

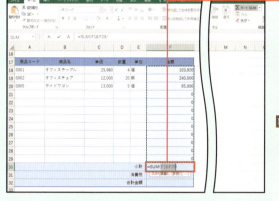

❹計算したい値のセル範囲を確認し、

❺セル範囲に間違いがなければ、Enterキーを押します。

MEMO: セル範囲の表示

セル範囲は、「:」の記号を使って表します。たとえば、セル [A1] から [A2] の範囲は、「A1:A2」と表示されます。

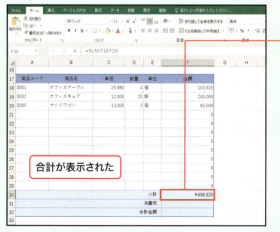

❻合計が表示されます。

SECTION 067 関数

第 6 章 | 数値を集計して作成する！ 数式&関数のテクニック

関数を入力する

合計や平均のように、計算のルールが決まっているものは、自分で数式を作るのではなく、エクセルに用意されている「関数」を利用して式を入力します。関数の式を効率よく入力する方法を確認しておきましょう。

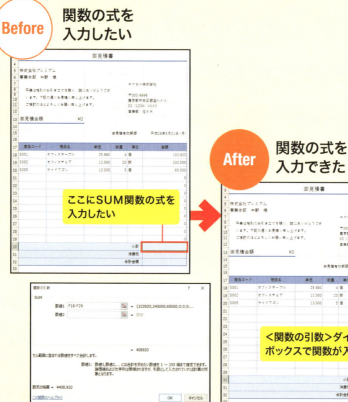

Before 関数の式を入力したい

ここにSUM関数の式を入力したい

After 関数の式を入力できた

<関数の引数>ダイアログボックスで関数が入力された

関数は、合計ならSUM関数、平均ならAVERAGE関数というように、目的によって使い分けます。どの関数も関数名と引数（ひきすう）を指定します。引数の内容や数はそれぞれ異なり手間がかかりますが、<関数の引数>ダイアログボックスを使えば、入力がかんたんになります。ここでは、SUM関数を例に入力します。

＜関数の引数＞ダイアログボックスで関数を入力する

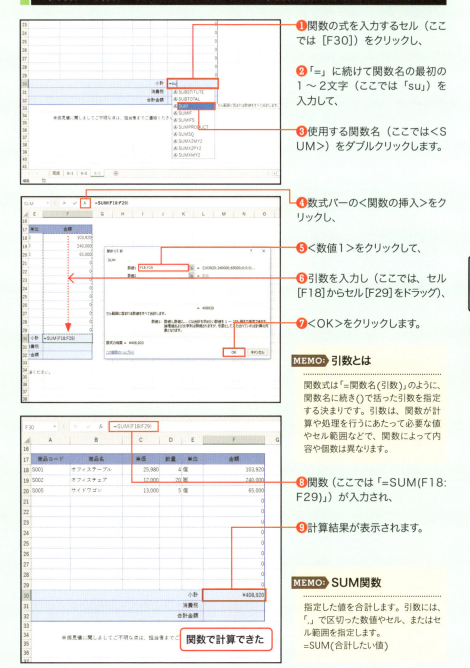

❶ 関数の式を入力するセル（ここでは［F30］）をクリックし、

❷「=」に続けて関数名の最初の1〜2文字（ここでは「su」）を入力して、

❸ 使用する関数名（ここでは＜SUM＞）をダブルクリックします。

❹ 数式バーの＜関数の挿入＞をクリックし、

❺ ＜数値1＞をクリックして、

❻ 引数を入力し（ここでは、セル［F18］からセル［F29］をドラッグ）、

❼ ＜OK＞をクリックします。

MEMO： 引数とは

関数式は「=関数名(引数)」のように、関数名に続き()で括った引数を指定する決まりです。引数は、関数が計算や処理を行うにあたって必要な値やセル範囲などで、関数によって内容や個数は異なります。

❽ 関数（ここでは「=SUM(F18:F29)」）が入力され、

❾ 計算結果が表示されます。

MEMO： SUM関数

指定した値を合計します。引数には、「,」で区切った数値やセル、またはセル範囲を指定します。
=SUM(合計したい値)

第6章 関数

177

SECTION 068 関数

第 6 章 | 数値を集計して作成する！ 数式&関数のテクニック

端数を処理する

小数点以下の数値を切り捨てるなどの端数処理には、四捨五入（ROUND）、切り捨て（ROUNDDOWN）、切り上げ（ROUNDUP）の関数が用意されています。用途に合わせて関数を使い分けます。

Before　「消費税」の端数を切り捨てたい

商品コード	商品名	単価	数量	単位	金額
S001	オフィステーブル	25,980	4	個	103,920
S002	オフィスチェア	12,000			
S005	サイドワゴン	13,000			

消費税の小数点以下を切り捨てたい

		小計	¥408,920
		消費税	¥32,713.60
		合計金額	

After　SUM関数で合計を計算できた

商品コード	商品名	単価	数量	単位	金額
S001	オフィステーブル	25,980	4	個	103,920
S002	オフィスチェア	12,000	2		
S005	サイドワゴン	13,000	5	個	65,000

小数点以下が切り捨てられた

		小計	¥408,920
		消費税	¥32,713
		合計金額	

消費税を計算する式「金額×8%」は、小数点以下の金額が発生する場合があります。そこで、消費税の計算結果に対し、小数点以下を切り捨てる処理を行います。ROUNDDOWN関数の引数「桁数」を「0」にすることで、小数点以下が処理されます。

ROUNDDOWN関数で端数を処理する

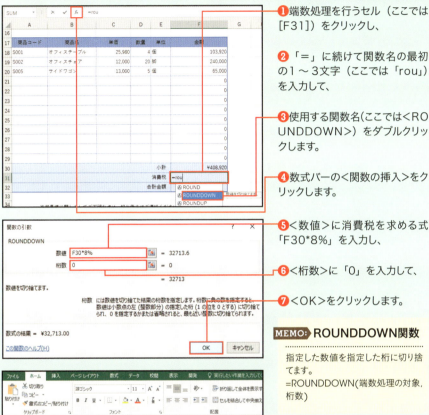

❶端数処理を行うセル（ここでは[F31]）をクリックし、

❷「＝」に続けて関数名の最初の1～3文字（ここでは「rou」）を入力して、

❸使用する関数名（ここでは＜ROUNDDOWN＞）をダブルクリックします。

❹数式バーの＜関数の挿入＞をクリックします。

❺＜数値＞に消費税を求める式「F30*8%」を入力し、

❻＜桁数＞に「0」を入力して、

❼＜OK＞をクリックします。

MEMO： ROUNDDOWN関数

指定した数値を指定した桁に切り捨てます。
=ROUNDDOWN(端数処理の対象,桁数)

❽小数点以下が切り捨てられた消費税が表示されます。

MEMO： 端数処理する桁を指定する

小数点以下を処理して整数にする場合は＜桁数＞に「0」を指定しますが、結果を小数点以下1桁にするには「1」、2桁にするには「2」を指定します。また、1の位を処理する場合は「-1」、10の位なら「-1」と負の値を指定します。

SECTION 069 関数

第 6 章 | 数値を集計して作成する! 数式&関数のテクニック

商品番号を入力して商品名を表示する

VLOOKUP関数は、キーとなる1つの値から、それに紐づいた別の値を表示します。商品番号に該当する商品名、単価を表示したり、顧客番号に対応する顧客名を表示したりすることができます。

Before　「商品名」を自動表示したい

「商品コード」に該当する「商品名」を表示したい

After　VLOOKUP関数で「商品名」を表示できた

別表の「商品名」が表示された

VLOOKUP関数で「商品名」、「単価」を自動表示すれば、入力ミスを減らすことができます。VLOOKUP関数を使うには、キーとなる値(商品コード)とそれに対応する値(商品名や単価)を別表に用意します。別表の一番左の列にキーとなる値(商品コード)を、入力するのが決まりです。

VLOOKUP関数で商品名を表示する

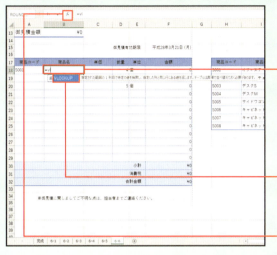

「商品コード」とそれに対応する「商品名」、「単価」を別表として作成しておきます。

❶「商品名」を表示したいセル（ここでは[B18]）をクリックし、

❷「=」に続けて関数名の最初の1～2文字（ここでは「vl」）を入力して、

❸使用する関数名(ここでは＜VLOOKUP＞)をダブルクリックします。

❹数式バーの＜関数の挿入＞をクリックします。

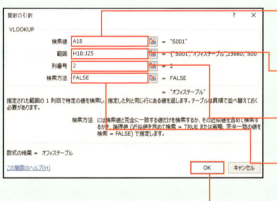

❺＜検索値＞に「商品コード」を入力するセル（ここでは[A18]）を入力し、

❻＜範囲＞に別表の範囲（ここでは[H18:J25]）を入力し、

❼＜列番号＞に別表の2列目（商品名の列）を指す「2」を入力し、

❽＜検索方法＞に検索値と完全一致の値を検索する「FALSE」を入力して、

❾＜OK＞をクリックします。

商品名が表示された

❿＜検索値＞（ここではセル[A18]）に入力された商品コードに対応する商品名が表示されます。

> **MEMO： VLOOKUP関数**
>
> 引数の「キーとなる値」を別表から検索し、対応する列の値を表示します。
> =VLOOKUP(キーとなる値,別表の範囲,別表の列の番号,検索方法)

SECTION 070 数式のセルを絶対参照にして固定する

関数

第 6 章 ｜ 数値を集計して作成する！ 数式＆関数のテクニック

> 数式をコピーすると、コピー先の行や列に合わせて数式のセル位置が変化します（P.171参照）。しかし、数式によっては、変化してほしくないものがあります。その場合、セル位置を「絶対参照」に指定します。

Before 数式のセルがコピーしても変わらないようにしたい

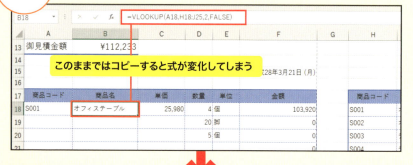

このままではコピーすると式が変化してしまう

After コピーしても変化しない「絶対参照」を指定できた

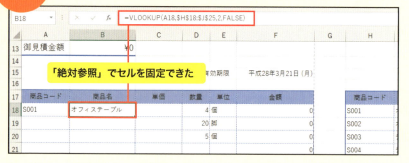

「絶対参照」でセルを固定できた

セル［B18］に入力したVLOOKUP関数（P.181参照）を下方向にコピーすると、引数のセル位置が変化してしまいます。しかし、引数「範囲」に指定した別表は、変化させたくありません。そこで、別表のセル範囲を「絶対参照」にして固定します。「絶対参照」では、セルの行列番号に「$」が付きます。

数式の引数を絶対参照にする

P.181を参考に、「単価」を表示しておきます。

❶ VLOOKUP関数の式が入力されているセル（ここでは[B18]）をクリックし、

❷ 数式バーに表示される式のセル範囲の文字（ここでは[H18:J25]）をドラッグします。

❸ F4キーを1回押し、セル範囲に「$」が付いたこと（ここでは[$H$18:$J$25]）を確認し、

❹ Enterキーを押します。

❺ P.171の方法で数式をコピーし、

MEMO: 絶対参照

絶対参照とは、数式に指定する参照（セル位置）を列番号、行番号に「$」を付けて変更不可能に固定することをいいます。これに対し、「$」の付かない「A5」のような参照は相対参照といい、数式の位置が変わると数式から見た相対的なセル位置に変更されます。

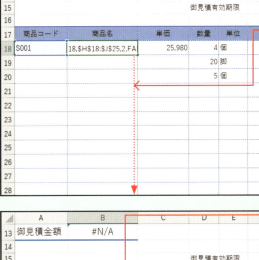

❻ ほかの行に「商品コード」を入力して、正しく「商品名」が表示されることを確認します。

❼ 同様に「単価」の式の引数も絶対参照にしてコピーします。

「絶対参照」の指定ができた

SECTION 071 関数

計算結果のエラーを非表示にする

式に誤りがあったり、計算が不可能な場合、結果として「#N／A」や「#DIV／0!」などのエラーが表示されます。しかし、式によっては避けられないエラーもあります。その場合、IFERROR関数でエラーを非表示にします。

Before エラーが表示されないようにしたい

「商品コード」が未入力の行のエラーを消したい

After コピーしても変化しない「絶対参照」を指定できた

エラーが消えた

VLOOKUP関数は、「商品コード」が未入力の場合、エラー「#N／A」を表示します。見積書においては、「商品コード」を入力しない行もあり、エラーは避けられません。そこで、IFERROR関数を使い、VLOOKUP関数の結果がエラーのときは、代わりに空白を表示します。

IFERROR関数でエラーを非表示にする

❶ VLOOKUP関数の式が入力されているセル(ここでは[B18])をクリックし、

❷ 数式バーに表示される式の「=」のあとに「IFERROR(」を入力します。

MEMO: IFERROR関数

引数の「計算式」の結果がエラーだった場合、指定した処理を行います。
=IFERROR(計算式,エラーの場合の処理)

❸ 式の最後に「,"")」を入力し、

❹ Enterキーを押します。

❺ P.171の方法でコピーします。

MEMO: エラーを「""」に置き換える

「""」は空白を意味します。IFERROR関数の最初の引数にVLOOKUP関数の式、2つ目の引数に「""」を指定すると、VLOOKUP関数がエラーのとき、「""」を表示する式になります。

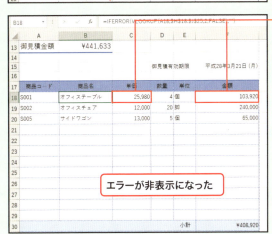

❻ 同様に、セル[C18]、セル[F18]の式にもIFERROR関数を加えてコピーして、エラーを非表示にします。

MEMO: 「単価」、「金額」のエラーを非表示にする

「単価」のセル[C18]は、「=IFERROR(VLOOKUP(A18,$H$18:$J$25,3,FALSE),"")」に変更します。「金額」のセル[F18]は、「=IFERROR(C18*D18,"")」に変更します。

SECTION 072 ○日後を計算する

関数

第6章 | 数値を集計して作成する！ 数式&関数のテクニック

エクセルでは「2016/3/1」のような日付データも計算に利用できます。ある日付を起点に○日後、あるいは○日前の日付を計算で求めることができます。

Before 有効期限の日付を計算で求めたい

作成日時の14日後の日付を表示したい

After 日付を計算する式ができた

日付が計算された　　有効期限　平成28年3月15日（火）

エクセルではすべての日付が「シリアル値」という整数と対応しています。その仕組みのおかげで「=2016/3/1+14」のように日付を直接計算に利用することができます。「シリアル値」は、1900年1月1日を「1」と決め、1日に「1」ずつ増やした値になっています。たとえば、「2016/3/1」なら「42430」、この値で計算が行われます。

日付を計算する

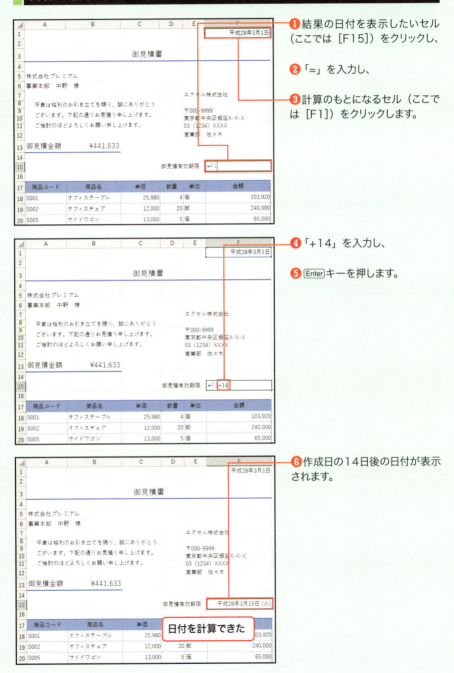

❶ 結果の日付を表示したいセル（ここでは［F15］）をクリックし、

❷「=」を入力し、

❸ 計算のもとになるセル（ここでは［F1］）をクリックします。

❹「+14」を入力し、

❺ Enterキーを押します。

❻ 作成日の14日後の日付が表示されます。

日付を計算できた

SECTION 073 関数

第6章 数値を集計して作成する！ 数式&関数のテクニック

○営業日後を計算する

▶ 休業日を除いて○日後を表すのが「○営業日後」です。土日を除いた「○営業日後」は、WORKDAY関数で求めることができます。土日に加えて祝日を除くオプションもあります。

Before 有効期限を作成日の14営業日後にしたい

作成日の14営業日後を計算したい

After WORKDAY関数で14営業日後を計算できた

作成日の14営業日後が表示された

「○営業日後」を数えるのは、間違いやすく大変です。ここでは、土日と祝日を除く「14営業日後」をWORKDAY関数で求めます。土日以外の祝日や休業日も除く場合は、それらの日付を別の場所に入力しておく必要があります。

WORKDAY関数で○営業日後を計算する

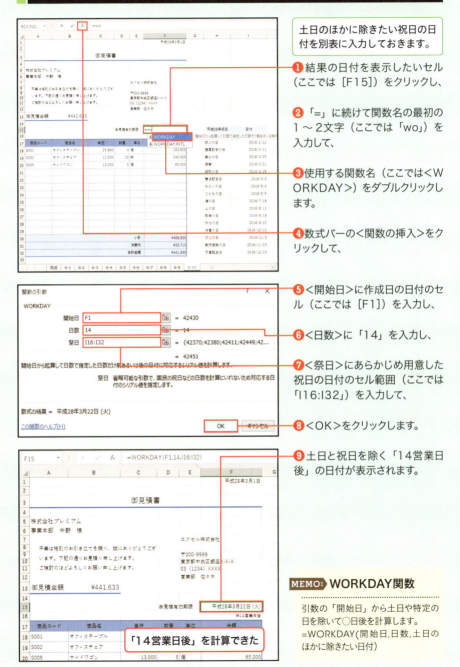

土日のほかに除きたい祝日の日付を別表に入力しておきます。

❶ 結果の日付を表示したいセル（ここでは[F15]）をクリックし、

❷「=」に続けて関数名の最初の1～2文字（ここでは「wo」）を入力して、

❸ 使用する関数名（ここでは＜WORKDAY＞）をダブルクリックします。

❹ 数式バーの＜関数の挿入＞をクリックして、

❺ ＜開始日＞に作成日の日付のセル（ここでは[F1]）を入力し、

❻ ＜日数＞に「14」を入力し、

❼ ＜祭日＞にあらかじめ用意した祝日の日付のセル範囲（ここでは「I16:I32」）を入力して、

❽ ＜OK＞をクリックします。

❾ 土日と祝日を除く「14営業日後」の日付が表示されます。

「14営業日後」を計算できた

MEMO: WORKDAY関数

引数の「開始日」から土日や特定の日を除いて○日後を計算します。
=WORKDAY(開始日,日数,土日のほかに除きたい日付)

SECTION 074 関数

第 6 章 | 数値を集計して作成する！ 数式＆関数のテクニック

今日の日付を自動表示する

> 今日の日付はTODAY関数で自動的に表示させることができます。ただし、TODAY関数で表示した日付は更新されるため注意が必要です。常に今日現在の日付を表示したい場合に利用します。

Before 今日の日付を自動表示したい

	A	B	C	D	E	F	G
1	REDスポーツクラブ　会員名簿						現在
2							
3	No	会員ID	会員種別	登録日	登録...	...	住所
4	1	000125	一般	2015/8/1		烏田 貴大	120-0001 東京都足立区
5	2	000126	一般	2015/8/10		栗原 直己	165-0022 東京都中野区
6	3	000127	一般	2015/8/24		鈴木 龍平	140-0014 東京都品川区
7	4	000128	法人	2015/8/27		福井 雄太郎	125-0062 東京都葛飾区
8	5	000129	法人	2015/9/10		新井 涼介	140-0014 東京都品川区

常に今日の日付を表示したい

After 今日の日付が表示できた

	A	B	C	D	E	F	G
1	REDスポーツクラブ　会員名簿					2015/11/12	現在
2							
3	No	会員ID	会員種別	登録日	登録...	...	住所
4	1	000125	一般	2015/8/1			東京都足立区
5	2	000126	一般	2015/8/10		栗原 直己 165-0022	東京都中野区
6	3	000127	一般	2015/8/24		鈴木 龍平 140-0014	東京都品川区
7	4	000128	法人	2015/8/27		福井 雄太郎 125-0062	東京都葛飾区
8	5	000129	法人	2015/9/10		新井 涼介 140-0014	東京都品川区

今日の日付が表示された

TODAY関数は、何もしなくても今日の日付が表示されるので便利ですが、ブックを開くたびにその日の日付に変わることを考慮する必要があります。そのため、文書の作成日や契約日など、保存しておきたい日付にはTODAY関数は利用できません。なお、TODAY関数に引数はありません。

TODAY関数で今日の日付を自動表示する

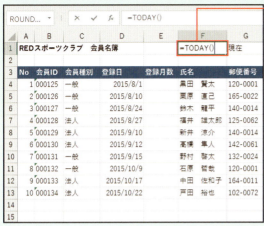

❶ 今日の日付を表示したいセル（ここでは［F1］）をクリックし、

❷「=TODAY()」を入力して、

❸ Enter キーを押します。

MEMO： TODAY関数

今日の日付を表示します。引数には何も指定しませんが、関数名のあとに()は必要です。
=TODAY()

❹ 今日の日付が表示されます。

第6章 関数

COLUMN ☑

現在の日付・時刻を表示する

日付と時刻は、NOW関数で表示することができます。TODAY関数と同じく引数はないため、「=NOW()」と入力します。なお、一度でも日付を入力したセルは、表示形式が「日付」に変わっているため、時刻が表示されません。何も入力していないセルで試してみましょう。

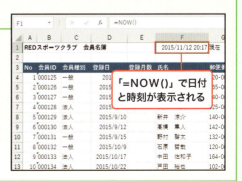

「=NOW()」で日付と時刻が表示される

第 6 章 | 数値を集計して作成する！ 数式&関数のテクニック

期間を計算する

関数

DATEDIF関数は、開始日から終了日までの期間を表示する関数です。開始日、終了日のどちらかに、今日の日付を表示するTODAY関数を指定すれば、今日までの期間を計算することができます。

Before 登録日から今日までの月数を計算したい

今日までの「登録月数」を計算したい

After DATEDIF関数で月数を計算できた

「登録月数」が表示された

開始日から終了日までの日数なら「終了日-開始日」で計算することができますが、結果を月数や年数で表す場合は、DATEDIF関数を利用します。この関数は、エクセルの関数一覧にも表示されず、＜関数の挿入＞ダイアログボックスの利用もできません。そのため、キーボードからすべて手入力します。

192

DATEDIF関数で期間を計算する

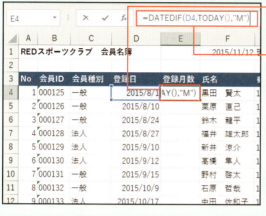

❶「登録月数」のセル（ここでは [E4]）をクリックし、

❷ 数式バーをクリックして、 「=DATEDIF(D4,TODAY(),"M")」 を入力し、

❸ Enter キーを押します。

MEMO: DATEDIF関数

引数の「開始日」から「終了日」までの期間を計算します。期間は「表示単位」の指定により、年数や日数などで表示することができます。
=DATEDIF(開始日,終了日,表示単位)

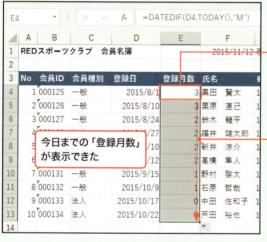

❹ 本日までの月数が表示されます。

❺ 月数を表示したセル（ここでは [E4]）の右下角をドラッグして、下方向にコピーします。

今日までの「登録月数」が表示できた

COLUMN

期間の単位を変更する

DATEDIF関数の引数には、開始日、終了日、結果の表示単位を指定します。表示単位には右表の種類があります。期間を「2」か月「25」日のように月数と日数で表す場合、2つのDATEDIF関数を使い、「満月数」の"M"と「1か月未満の日数」の"MD"を別々に求めます。

表示単位	結果
"D"	期間内の日数
"M"	期間内の満月数
"Y"	期間内の満年数
"YM"	1期間内の満年数の月数
"MD"	1か月未満の日数
"YD"	1年未満の日数

SECTION 076 データの個数を数える

関数

第6章 | 数値を集計して作成する！ 数式&関数のテクニック

> 指定したセル範囲にいくつの数値データがあるかを調べるには、COUNT関数を使います。COUNT関数は、SUM関数を入力する<オートSUM>を利用して入力することができます。

Before データ件数を数えたい

データ件数を店舗数として表示したい

After COUNT関数でデータ件数を表示できた

店舗数が表示された

データ件数を調べたいときには、「数える」関数を使います。数値、文字を関係なく数えるにはCOUNTA関数、数値のみを数えるにはCOUNT関数を使用します。ここでは、COUNT関数で「サービス」の数値を数えて、データ件数（店舗数）を求めます。

COUNT関数でデータの件数を表示する

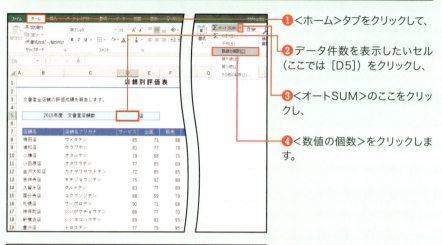

❶ <ホーム>タブをクリックして、

❷ データ件数を表示したいセル（ここでは［D5］）をクリックし、

❸ <オートSUM>のここをクリックし、

❹ <数値の個数>をクリックします。

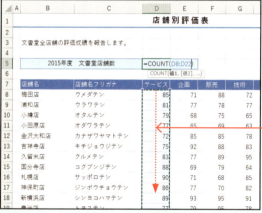

❺ 数値を数えたいセル範囲をドラッグし、

❻ Enterキーを押します。

MEMO: COUNT関数

指定した範囲の数値データを数えます。
=COUNT(範囲)

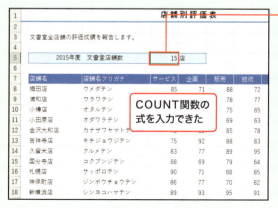

❼ 範囲内の数値データの数が表示されます。

MEMO: 文字データを数えるCOUNTA関数

COUNT関数で数える場合は、数値データの範囲を指定する必要があります。文字のみ、あるいは、文字と数値が混在するデータを数える場合は、COUNTA関数を使います。関数式の書式はCOUNT関数と同じです。

195

SECTION 077 関数

第6章 数値を集計して作成する! 数式&関数のテクニック

数値に順位を付ける

数値に順位を付けるには、RANK.EQ関数を使います。順位は、数値の大きい順(降順)に付ける場合と、小さい順(昇順)に付ける場合があります。関数の引数にどちらかを指定します。

Before 合計の高い順に順位を付けたい

順位を表示したい

After RANK.EQ関数で順位を表示できた

順位が表示された

データ件数が少ない場合は、数値を見比べて順位を手入力することができます。しかし、数値が変わったとき、順位も書き換えなくてはなりません。RANK.EQ関数なら、順位も自動的に入れ替わります。範囲内に同じ数値がある場合は、同順位となります。

RANK.EQ関数で順位を付ける

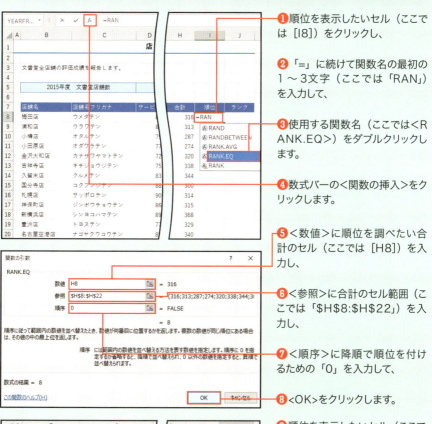

❶ 順位を表示したいセル（ここでは [I8]）をクリックし、

❷ 「=」に続けて関数名の最初の1～3文字（ここでは「RAN」）を入力して、

❸ 使用する関数名（ここでは<RANK.EQ>）をダブルクリックします。

❹ 数式バーの<関数の挿入>をクリックします。

❺ <数値>に順位を調べたい合計のセル（ここでは [H8]）を入力し、

❻ <参照>に合計のセル範囲（ここでは「$H$8:$H$22」）を入力し、

❼ <順序>に降順で順位を付けるための「0」を入力して、

❽ <OK>をクリックします。

❾ 順位を表示したいセル（ここでは [I8]）に順位が表示されます。

❿ 順位を表示したセルの右下角をドラッグして、下方向にコピーします。

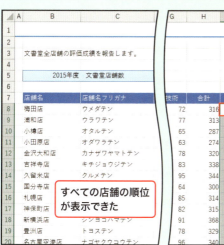

すべての店舗の順位が表示できた

MEMO: RANK.EQ関数

引数の「順位を調べたい数値」が範囲の中で何位になるか順位を表示します。<順序>に「0」を指定した場合、値が大きい順に順位が付き、「1」を指定した場合、小さい順に順位が付きます。

=RANK.EQ(順位を調べたい数値,順位を調べる範囲,順序)

SECTION 078 関数

第 6 章 | 数値を集計して作成する！ 数式＆関数のテクニック

数値に「A」「B」2種類のランクを付ける

> 数値が330以上のとき「A」を表示、それ以外のとき「B」を表示というように、数値によって異なる結果を表示する場合は、IF関数を使います。IF関数は、条件を指定することで2通りの結果を表示することができます。

Before 合計が330以上に「A」、330未満に「B」を表示したい

店舗名	店舗名フリガナ	サービス	企画	販売	技術	合計	順位	ランク
梅田店	ウメダテン	85	71	88	72	316	8	
浦和店	ウラワテン	81	77	78	77	313	11	
小樽店	オタルテン	79	68	75	65	287	14	
小田原店	オダワラテン	77	65	69	63	274	15	
金沢大和店	カナザワヤマトテン						7	
吉祥寺店	キチジョウジテン						5	
久留米店	クルメテン	83	77	89	95	344	2	
国分寺店	コクブンジテン	88	69	79	64	300	12	
札幌店	サッポロテン	90	71	68	85	314	10	
神保町店	ジンボウチョウテン	86	77	70	82	315	9	
新横浜店	シンヨコハマテン	89	93	95	91	368	1	

「A」、「B」のランクを表示したい

After IF関数で「A」、「B」のランクを表示できた

店舗名	店舗名フリガナ	サービス	企画	販売	技術	合計	順位	ランク
梅田店	ウメダテン	85	71	88	72	316	8	B
浦和店	ウラワテン	81	77	78	77	313	11	B
小樽店	オタルテン	79	68	75	65	287	14	B
小田原店	オダワラテン	77	65	69	63	274	15	B
金沢大和店	カナザワヤマトテン	72	85	85	78	320	7	B
吉祥寺店	キチジョウジテン	75	92				5	A
久留米店	クルメテン	83	77				2	A
国分寺店	コクブンジテン	88	69	79	64	300	12	B
札幌店	サッポロテン	90	71	68	85	314	10	B
神保町店	ジンボウチョウテン	86	77	70	82	315	9	B
新横浜店	シンヨコハマテン	89	93	95	91	368	1	A
豊洲店	トヨステン	77	79	95	78	329	6	B

ランクが表示された

IF関数は、条件を満たしている場合と、満たしていない場合とで2通りの結果に振り分けることができます。データの判定を自動で行うことができるので、データの整理や分析に欠かせません。ここでは、合計が330以上のときランク「A」、それ以外のときランク「B」に振り分けます。

IF関数で条件に応じて表示させる

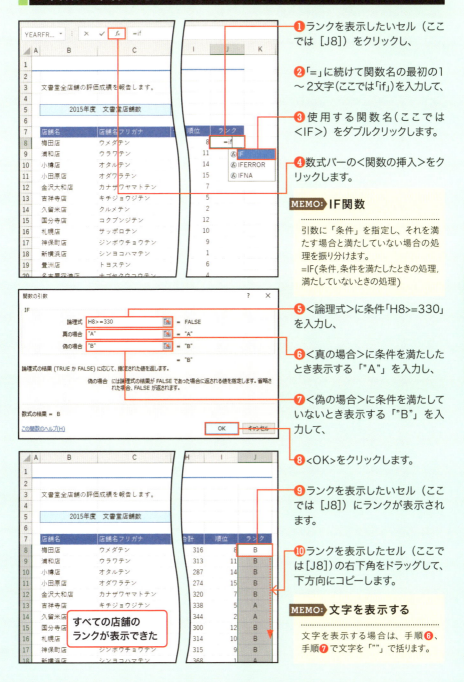

SECTION 079 | 関数

第 6 章 | 数値を集計して作成する！ 数式＆関数のテクニック

数値に3種類以上のランクを付ける

▶ 数値を基準値でランク分けする場合、ランクが2通りならIF関数（P.199参照）で判定することができますが、それ以上の場合は、VLOOKUP関数を使うのがかんたんです。細かくランク分けをすることができます。

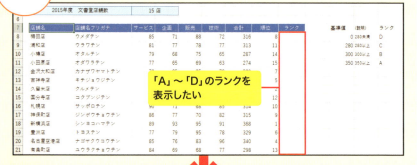

Before 合計の数値に「A」～「D」のランク付けをしたい

「A」～「D」のランクを表示したい

After VLOOKUP関数で「A」～「D」のランクを表示できた

ランクが表示された

VLOOKUP関数は、キーになる値を別表から探すことができます（P.181参照）。これを利用すれば、商品番号に対応する商品名を表示するように、数値に対応するランクを表示させることができます。ランクの基準値は別表に作成します。VLOOKUP関数で近似値を検索する引数を指定するのがポイントです。

VLOOKUP関数で近似値を検索する

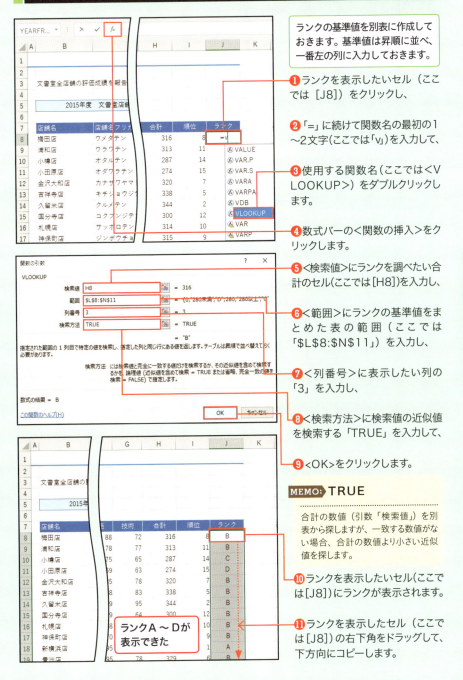

SECTION 080 関数

第6章 数値を集計して作成する！ 数式&関数のテクニック

フリガナを取り出して表示する

セルには、文字を入力したときの読みがフリガナの情報としてあります（P.86参照）。これを取り出して表示するのがPHONETIC関数です。取り出したフリガナは全角カタカナで表示されます。

Before フリガナを自動表示したい

「店舗名」のフリガナを表示したい

After PHONETIC関数でフリガナを表示できた

フリガナが表示された

フリガナは、キーボードから入力する必要はありません。あらかじめPHONETIC関数を入力しておけば、もとの文字列を入力するのと同時にフリガナを表示させることができます。ここでは、「店舗名」に入力済みの文字のフリガナを表示します。

PHONETIC関数でフリガナを表示する

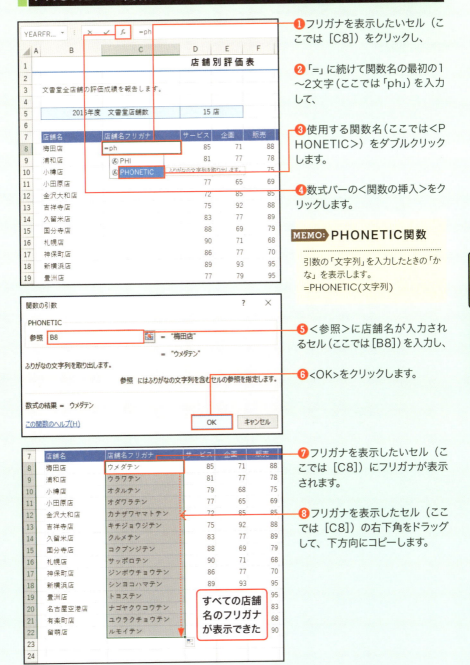

SECTION 081 関数

第6章 数値を集計して作成する！ 数式&関数のテクニック

文字を半角に変換する

カタカナや英数文字は、全角、半角をあとから変えることができます。ASC関数は、全角の文字を半角に変換します。全角と半角が混在している場合でも半角文字に統一することができます。

Before 「フリガナ」を半角カタカナにしたい

全角カタカナを半角カタカナにしたい

After ASC関数で半角カタカナにできた

半角カタカナに変換された

PHONETIC関数で表示した「フリガナ」は、全角のカタカナですが、これを半角カタカナにしたいときには、ASC関数で一括変換します。なお、半角で入力された文字を全角にする場合には、JIS関数を使います。使い方はASC関数と同じです。

ASC関数で文字を半角に変更する

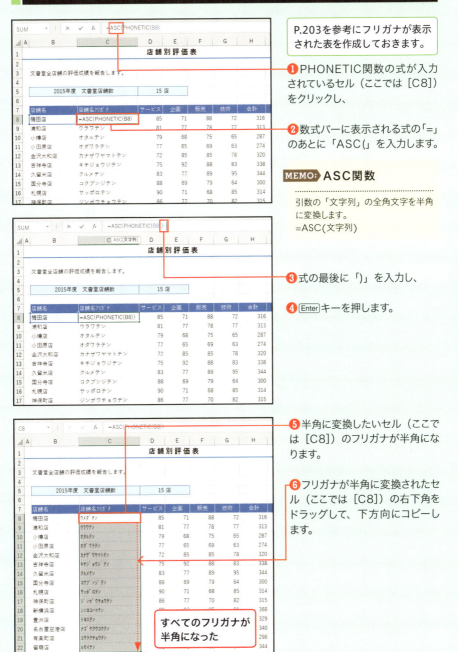

COLUMN

エクセルのエラーの種類を知る

計算式や関数式の結果にエラーが表示されるのは、まれなことではありません。式の入力ミスによるエラーであったり、P.184の例のように避けられないエラーもあります。いずれにしても、エラーの原因を突き止めて対処しなくてはなりません。エラーは7種類あり、それぞれに意味があります。エラーを見極めれば、おおよその検討はつきます。下記の表を参考に、原因を探ってみましょう。

エラー表示	意味	おもな原因
#NAME?	関数名や文字に誤りがある	・関数名や範囲名の間違い ・数式中の文字列が「"」で囲まれていない
#VALUE!	データ形式に間違いがある	・数値、論理値（TRUE、FALSE）が必要な部分に文字列が指定されている ・セルの指定にセル範囲を指定している
#DIV/0!	0または空白で割り算を行っている	・0で除算している ・何も入力されていないセルを参照して除算している
#REF!	参照するセルが存在しない	・参照するセルが削除されている
#N/A	利用できる値がない	・指定したセルに値がない
#NUM!	数値に問題がある	・指定した数値に不適切な値が使われている ・エクセルで処理できる範囲外の値が使用されている
#NULL!	セル範囲に共通部分がない	・複数のセルやセル範囲の指定に「,」や「:」がない ・指定した2つのセル範囲に共通部分がない

第7章

複数シートを使いこなす！
シート連携の
テクニック

SECTION 082 シートを追加／削除する

第 7 章 複数シートを使いこなす！ シート連携のテクニック

シート操作

関連する表はシートごとに作成するのがおすすめです。エクセル起動時に用意されているシートのほかに、新規シートを追加して増やしていきます。また、不要なシートはかんたんに削除することができます。

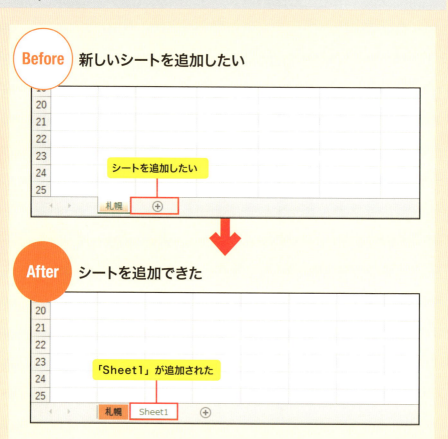

Before 新しいシートを追加したい

シートを追加したい

After シートを追加できた

「Sheet1」が追加された

シートごとに作成した表や文書は、別々に保存するのではなく、関連するものをまとめて1つのブックに保存したほうが操作しやすくなります。そのために、シートの追加と削除は必須です。なお、エクセル起動時のシート数は、Excel 2016、Excel 2013では1シート、Excel 2010では3シートです。適宜、シートの追加、削除を行います。

新しいシートを追加する

❶ <新しいシート>をクリックします（Excel 2010では、<ワークシートの挿入>タブ）をクリックします）。

❷ 新しいシートが挿入されます。

新しいシートが挿入された

COLUMN

シートを削除する

削除したいシートの見出しを右クリックし、<削除>をクリックします。シートにデータが入力されている場合は、削除を確認するメッセージが表示されます。

SECTION 083 シート操作

第 7 章 | 複数シートを使いこなす！ シート連携のテクニック

シートを複製／移動する

同じ体裁の表を複数のシートに作りたいときは、1つのシートを完成させ、それをコピーします。シートの並び順は、あとから変更可能です。シートのコピー、移動は、マウスの操作で行います。

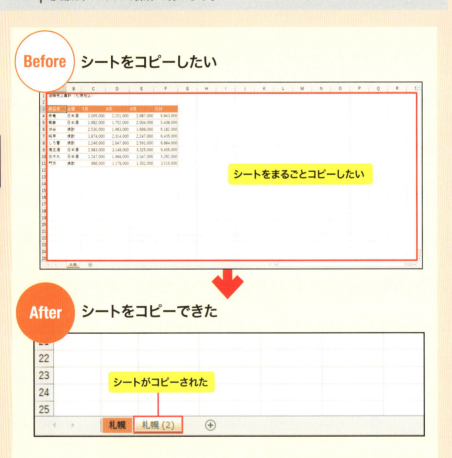

Before シートをコピーしたい

シートをまるごとコピーしたい

After シートをコピーできた

シートがコピーされた

同じような表を作りたいとき、セルをコピーする方法もありますが、列幅の調整など、余計な手間がかかります。シートをまるごとコピーするほうが、かんたんです。コピーの操作は、シートの見出しを Ctrl キーを押しながらドラッグします。なお、 Ctrl キーを押さずにドラッグするとシートの移動になります。

シートをコピーする

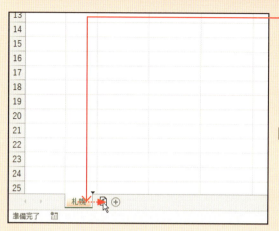

❶ シート見出しをクリックし、[ctrl]キーを押しながらドラッグします。

> **MEMO: マウスポインターに「＋」マークが表示される**
>
> [ctrl]キーを押しながらドラッグしている最中は、マウスポインターにコピーを表す「＋」が表示されます。

❷ シートがコピーされ、シート見出しが増えます。

シートがコピーされた

> **MEMO: コピーしたシートの見出しを書き換える**
>
> コピー先のシートの見出しは、コピー元の見出しに番号が付いたものになります。シート見出しは、ダブルクリックで書き換えることができます。

第7章 シート操作

◎ COLUMN ☑

シートを移動する

シート見出しにマウスポインターを合わせて、移動先までドラッグします。このときマウスポインターには、コピーのときのような「＋」は表示されません。

移動先までドラッグする

SECTION
084 シートを非表示にする
シート操作

第 7 章 | 複数シートを使いこなす！ シート連携のテクニック

特定のシートを見せたくない場合やシート数が多すぎて操作しづらくなった場合、シートを非表示にします。非表示にすると、シート見出しが隠されるため切り替えもできなくなります。

Before 集計結果以外のシートを非表示にしたい

これらのシートを非表示にしたい

After シートが非表示になった

シート見出しが隠された

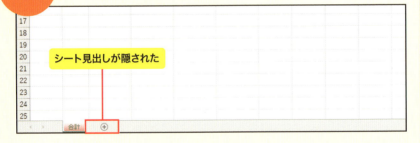

別々のシートを新しいシートに集計したとき、集計元のデータは不用意にほかの人に見せたくないというとき、シートを非表示します。シートを見ることができなくなるのでシートを保護する効果もあります。ただし、シートの存在自体がわかりにくくなるため注意が必要です。

シート見出しを右クリックし「非表示」を指定する

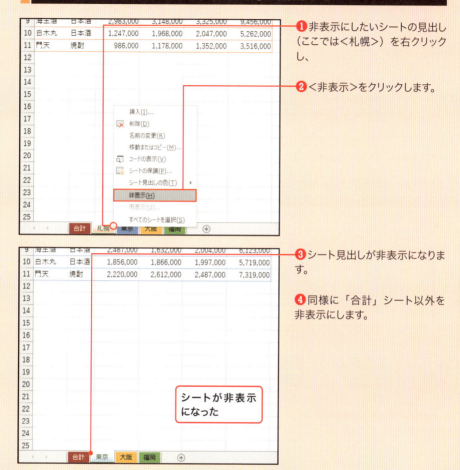

❶ 非表示にしたいシートの見出し（ここでは＜札幌＞）を右クリックし、

❷ ＜非表示＞をクリックします。

❸ シート見出しが非表示になります。

❹ 同様に「合計」シート以外を非表示にします。

シートが非表示になった

COLUMN

シートを再表示する

任意のシート見出しを右クリックし＜再表示＞をクリックします。「再表示」は、非表示のシートがあるときしか、表示されません。＜再表示＞をクリックしたあと、非表示のシート名が表示されるので、表示したいシートを指定します。

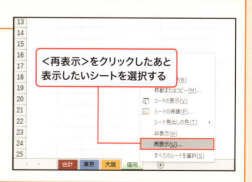

＜再表示＞をクリックしたあと表示したいシートを選択する

SECTION 085 シート操作

第 7 章 | 複数シートを使いこなす！ シート連携のテクニック

複数シートを並べて表示する

シートを同時に表示すれば、別々のシートに作成した表を見比べることもできます。同一ブック内の異なるシートも、画面の上下や左右にきれいに並べて表示することができます。

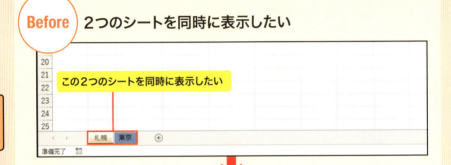

Before　2つのシートを同時に表示したい

この2つのシートを同時に表示したい

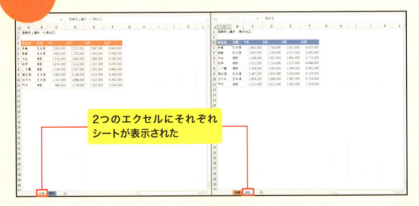

After　2つのシートを並べて表示できた

2つのエクセルにそれぞれシートが表示された

同じブック内の2シートを並べて表示するには、ブックを2つ起動し、それを画面に並べます。通常、同じブックを2つ以上開くことはできませんが、「新しいウィンドウを開く」を使用するとできます。このときブック名に、「売上集計:1」、「売上集計:2」のように、番号が付きます。

ブックを新しく開いて左右に並べる

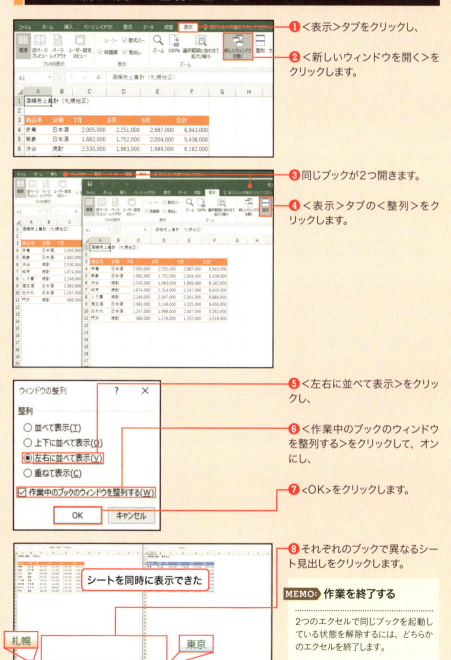

SECTION 086 連携

第 7 章 複数シートを使いこなす！ シート連携のテクニック

複数シートを同時に操作する

複数のシートに同じ体裁の表を作成した場合は、それらのシートを同時に編集することが可能です。違うシートでも同じ位置のセルに同じ文字を入力したり、同じ色に設定したりすることができます。

Before すべてのシートで商品名を変更したい

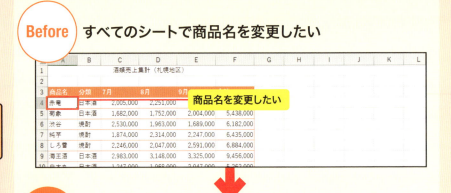

商品名を変更したい

After すべてのシートで商品名を一括変更できた

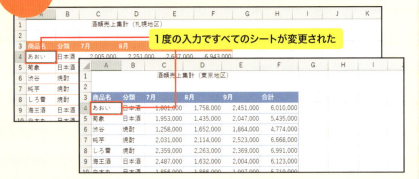

1度の入力ですべてのシートが変更された

複数のシートを選択すると「作業グループ」という状態になります。シートが複写紙のようになり、1つのシートに手を加えると、ほかのシートも同じように変更されます。「作業グループ」の状態になっているかどうかは、画面上部のタイトルバーで確認することができます。

すべてのシートを同時に修正する

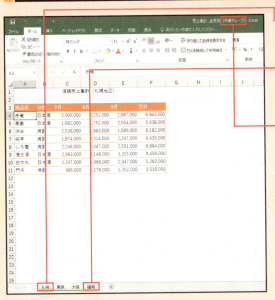

❶ 先頭のシート見出し（ここでは<札幌>）をクリックし、

❷ Shift キーを押しながら最後のシート見出し（ここでは<福岡>）をクリックして、

❸ タイトルバーの「作業グループ」を確認します。

MEMO: シートを同時に選択する

連続しているシートを選択する場合は、最後のシート見出しを Shift キーを押しながらクリックします。離れたシートを選択する場合は、それぞれのシート見出しを Ctrl キーを押しながらクリックします。

❹ セル [A4] の商品名を「赤竜」から「あおい」に修正します。

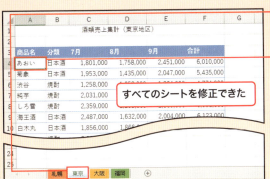

❺ 任意のシート見出しをクリックし、「作業グループ」を解除します。

❻ ほかのシートのセル [A4] も同じように修正されています。

すべてのシートを修正できた

SECTION 087 連携

第 7 章 複数シートを使いこなす！ シート連携のテクニック

シートをほかのブックに移動／複製する

別々のブックに作成保存したシートでも、1つのブックにまとめることができます。シートを移動、またはコピーしてまとめますが、移動した場合は、もとのブックからシートがなくなります。

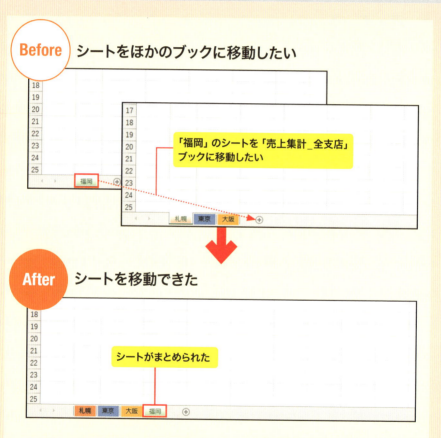

Before シートをほかのブックに移動したい

「福岡」のシートを「売上集計_全支店」ブックに移動したい

After シートを移動できた

シートがまとめられた

売上集計表を支店ごとに作成した場合、ブックの数が多くなり、管理が大変です。1つのブックにまとめれば、管理しやすくなるだけでなく、データの集計や分析もかんたんになります。ここでは、別のブックに保存されている「福岡」のシートをほかの支店のシートに移動します。

シートをほかのブックに移動する

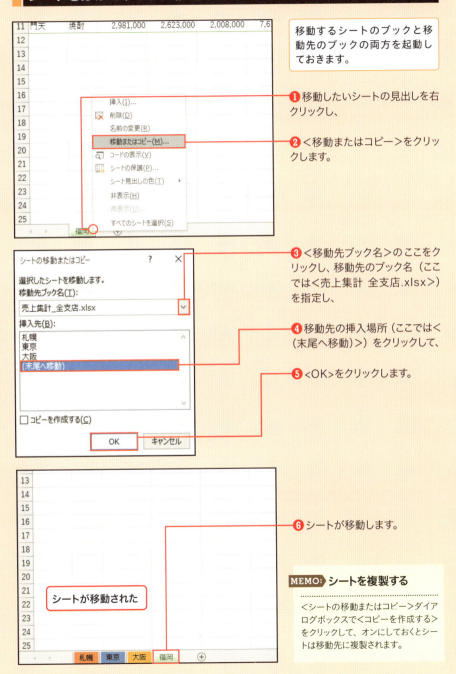

移動するシートのブックと移動先のブックの両方を起動しておきます。

❶ 移動したいシートの見出しを右クリックし、

❷ ＜移動またはコピー＞をクリックします。

❸ ＜移動先ブック名＞のここをクリックし、移動先のブック名（ここでは＜売上集計_全支店.xlsx＞）を指定し、

❹ 移動先の挿入場所（ここでは＜(末尾へ移動)＞）をクリックして、

❺ ＜OK＞をクリックします。

❻ シートが移動します。

MEMO: シートを複製する

＜シートの移動またはコピー＞ダイアログボックスで＜コピーを作成する＞をクリックして、オンにしておくとシートは移動先に複製されます。

SECTION 088 連携

第7章 複数シートを使いこなす！ シート連携のテクニック

ほかのシートからコピーして値が連動した表を作る

複数のシートにある表を1つの表にまとめるには、いくつかの方法があります。セルのコピーもその1つです。それぞれのシートから必要箇所をコピーし、1つの表に貼り付けて仕上げます。

Before セルをコピーして表を作りたい

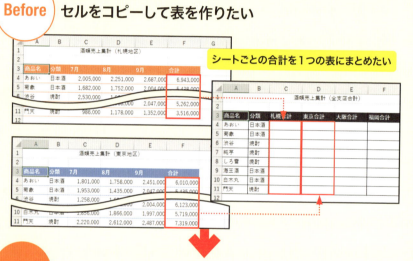

シートごとの合計を1つの表にまとめたい

After 各シートのセルから値を貼り付けて表ができた

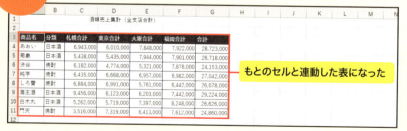

もとのセルと連動した表になった

各支店の合計部分を集めて、全支店の合計表を作ります。それぞれのシートのセルをコピーして、1つの表に貼り付けますが、値を連動させるには、「リンク貼り付け」を行います。各支店の表が同じ体裁の場合は、このようにセルを貼り付けすることができます。

「リンク貼り付け」で値を連動させる

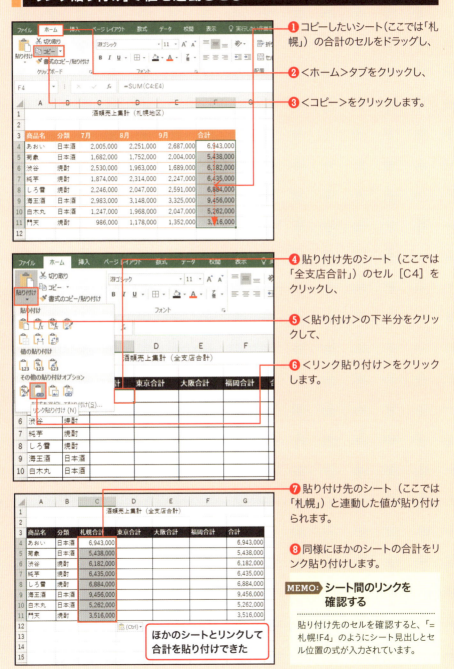

❶ コピーしたいシート（ここでは「札幌」）の合計のセルをドラッグし、

❷ <ホーム>タブをクリックし、

❸ <コピー>をクリックします。

❹ 貼り付け先のシート（ここでは「全支店合計」）のセル［C4］をクリックし、

❺ <貼り付け>の下半分をクリックして、

❻ <リンク貼り付け>をクリックします。

❼ 貼り付け先のシート（ここでは「札幌」）と連動した値が貼り付けられます。

❽ 同様にほかのシートの合計をリンク貼り付けします。

MEMO: シート間のリンクを確認する

貼り付け先のセルを確認すると、「=札幌!F4」のようにシート見出しとセル位置の式が入力されています。

SECTION 089 連携

複数シートの同じ位置にあるセルを集計する

第7章 複数シートを使いこなす！ シート連携のテクニック

> 複数のシートを重ねて串刺しするように同じ位置のセルを集計することを串刺し集計、あるいは3D集計と呼んでいます。合計を計算する場合、SUM関数の引数に複数シートの指定をします。

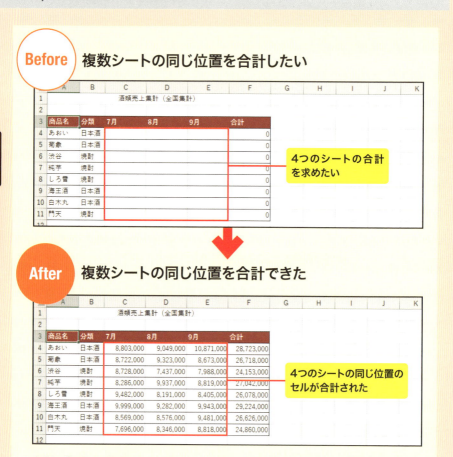

Before 複数シートの同じ位置を合計したい

4つのシートの合計を求めたい

After 複数シートの同じ位置を合計できた

4つのシートの同じ位置のセルが合計された

串刺し集計は、複数のシートの同じ位置に、同じ体裁の表がある場合に利用できます。集計結果を表示する表も、同じ体裁にする必要があります。ここでは、4つのシートの7月〜9月の売上高をすべて串刺しして合計します。なお、商品名の数や並び順が違う場合は、P.221の方法で集計します。

複数シートを串刺し集計する

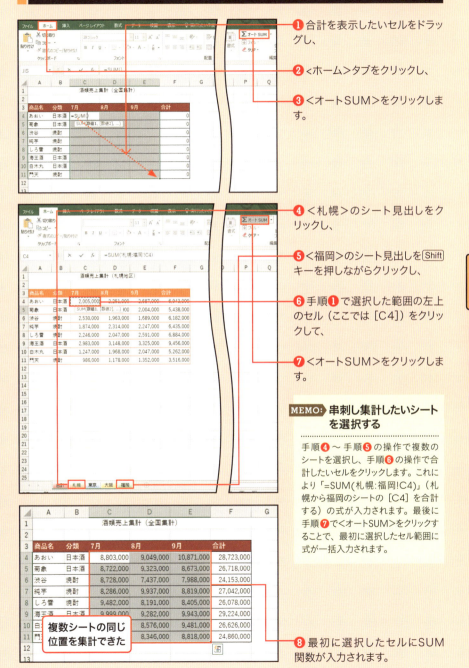

SECTION 090 複数シートの同じ項目を集計する

第7章 複数シートを使いこなす！ シート連携のテクニック

連携

複数の表を1つの表にまとめて集計する方法の1つに「統合」があります。串刺し集計（P.223参照）と同じ結果を得ることができますが、「統合」では体裁の異なる表でも集計が可能です。

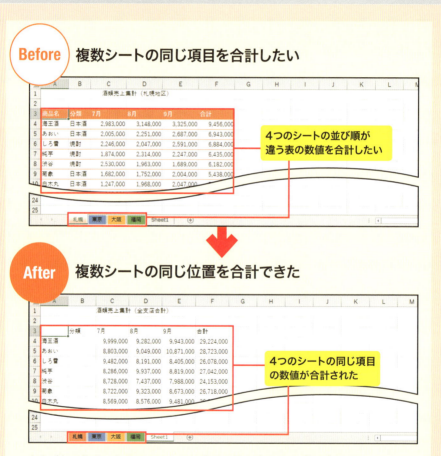

Before 複数シートの同じ項目を合計したい

4つのシートの並び順が違う表の数値を合計したい

After 複数シートの同じ位置を合計できた

4つのシートの同じ項目の数値が合計された

支店ごとに作成した表で、それぞれ商品の数や商品の並び順が違う場合、同じ商品名の数値を探して合計しなくてはなりません。これを可能にするのが「統合」です。表の上端や左端にある項目から同じデータを探して集計を行います。

「統合」で各シートの数値を合計する

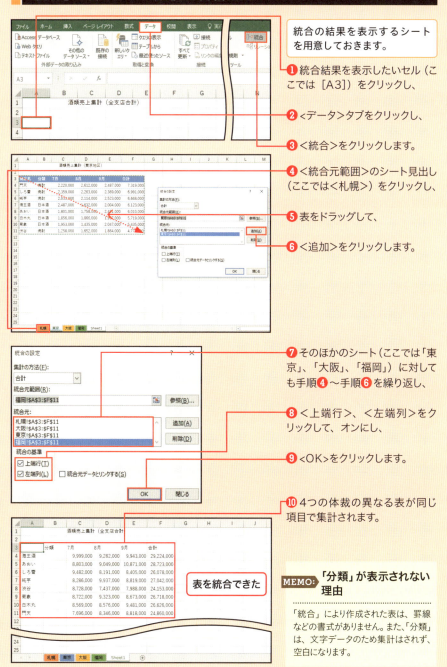

SECTION 091 連携

第 7 章 | 複数シートを使いこなす！ シート連携のテクニック

ほかのシートにジャンプする リンクを作成する

ブックに複数のシートがあるとき切り替えはシート見出しで行いますが、これとは別に目的のシートにジャンプするボタンを作成します。ボタンを利用すると、切り替えがかんたんになります。

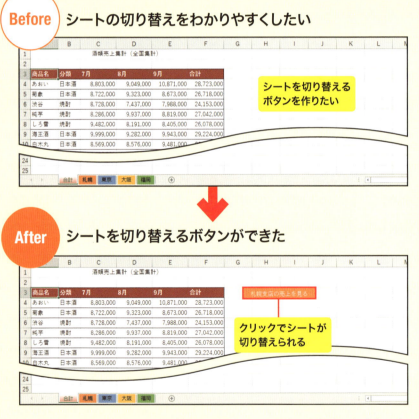

Before シートの切り替えをわかりやすくしたい

シートを切り替える ボタンを作りたい

After シートを切り替えるボタンができた

クリックでシートが 切り替えられる

10シートを超えるようなシート数になると、シート見出しを探すのも大変です。また、どのシートに切り替えるべきかもわかりにくくなります。そこで、頻繁に切り替えるシートにジャンプするボタンを作成します。四角形などの図形にリンクを設定したものがボタンになります。

図形に「ハイパーリンク」を設定する

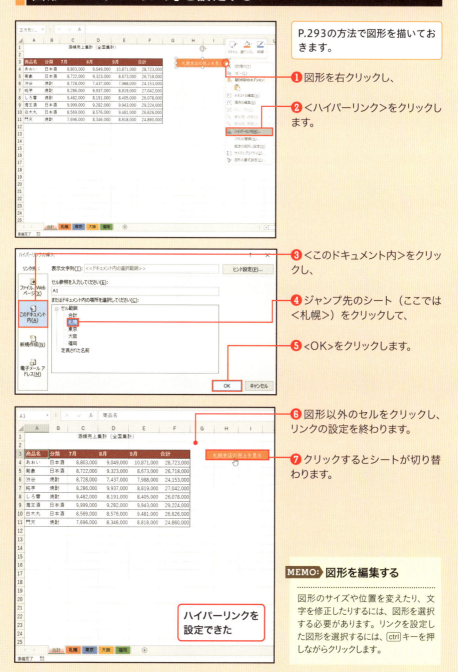

P.293の方法で図形を描いておきます。

❶ 図形を右クリックし、

❷ <ハイパーリンク>をクリックします。

❸ <このドキュメント内>をクリックし、

❹ ジャンプ先のシート（ここでは<札幌>）をクリックして、

❺ <OK>をクリックします。

❻ 図形以外のセルをクリックし、リンクの設定を終わります。

❼ クリックするとシートが切り替わります。

MEMO: 図形を編集する

図形のサイズや位置を変えたり、文字を修正したりするには、図形を選択する必要があります。リンクを設定した図形を選択するには、[ctrl]キーを押しながらクリックします。

COLUMN

複数シートの利用は計画的にしよう

エクセルのシートは、必要に応じて追加することができ、その数に制限はありません（使用可能メモリに依存）。だからといって、むやみに増やしていくのはおすすめできません。その理由はいくつかありますが、シート数が多くなると、画面下にすべてのシート見出しが表示できなくなり、シートの切り替えが面倒になります。また、目的のシートを開くのも大変です。シート見出しは、ブックを開いてみないとわからないため、見当違いのブックを何度も開くといったことになるかもしれません。

こうした無駄を省くためにも、むやみにシートをまとめるのは避けたほうがいいでしょう。関連するシートが1つのブックにあるほうが計算しやすい、または、管理しやすいという場合に限り、シートをまとめます。その場合でもルールを決めておきましょう。たとえば、売上データは年度ごとにまとめる、プロジェクトに関するシートだけまとめる、などと決めておけばシートが行方不明になることも避けられます。

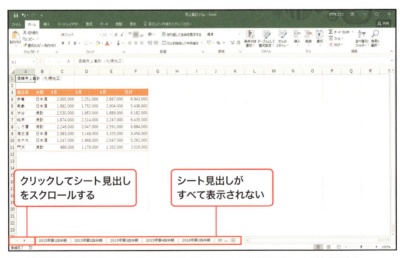

シート数が多いとすべてのシート見出しが表示されないため、切り替えにスクロールが必要になる。

第 8 章

データの傾向を把握する！
抽出&分析の
テクニック

SECTION
092 数値の大小をバーの長さで表示する
条件付き書式

第 8 章｜データの傾向を把握する！ 抽出＆分析のテクニック

> 数値をビジュアル化する方法の1つに「データバー」があります。「データバー」は、数値をもとにセルの中に棒グラフのような横棒を表示します。バーの長さで数値の大小が一目でわかります。

Before 数値の差が一目でわかるようにしたい

（データバーを表示したい）

After 数値をデータバーで表示できた

（データバーが表示された）

表に並ぶ数値を見るだけでは、数値の比較は困難です。そこで「データバー」で数値を表現します。セル内に表示されるデータバーは、セルの幅に合わせて自動調整されます。数値の差が少ない場合は、列幅を広げることで長さの違いを大きく見せることができます。

条件付き書式で「データバー」を表示する

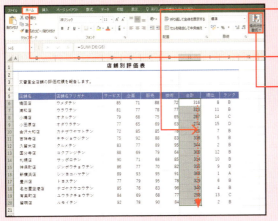

❶ データバーを表示したい列の数値をドラッグし、

❷ <ホーム>タブクリックして、

❸ <条件付き書式>をクリックします。

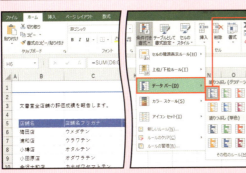

❹ <データバー>をクリックし、任意のデータバーの色をクリックします。

MEMO: データバーの最小／最大値を変更する

データバーは「条件付き書式」の一種で、「ルールの管理」で編集できます（P.239参照）。

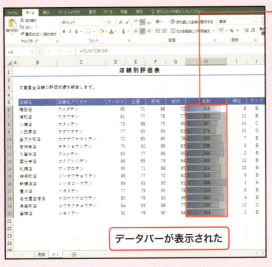

❺ データバーが表示されます。

❻ 列幅を広くし、数値を中央揃えにして見やすくします。

MEMO: データバーの表示をクリアする

データバーを設定したセル範囲を選択し、<条件付き書式>→<ルールのクリア>→<選択したセルからルールをクリア>の順にクリックする。

SECTION 093 数値の大小をアイコンで表示する

条件付き書式

第 8 章 | データの傾向を把握する！ 抽出&分析のテクニック

 数値に色や形の違うアイコンを付けるのが「アイコンセット」です。数値を3～5段階のレベルに分けて、レベルごとに異なるアイコンを表示します。レベルを分ける基準は自動で設定されますが、変更もできます。

Before 数値を評価するアイコンを表示したい

アイコンセットを表示したい

After 数値をアイコンセットで評価できた

アイコンセットが表示された

数値を視覚化する機能の1つが「アイコンセット」です。数値が全体の中でどのレベルに該当するかをアイコンの色や形で示します。レベル分けの基準は、アイコンの種類を選んだ時点で自動的に設定されます。これを変更するには、条件付き書式のルールを編集します。

条件付き書式で「アイコンセット」を表示する

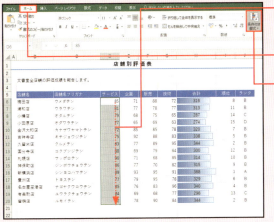

❶ アイコンセットを表示したい列の数値をドラッグし、

❷ <ホーム>タブをクリックし、

❸ <条件付き書式>をクリックします。

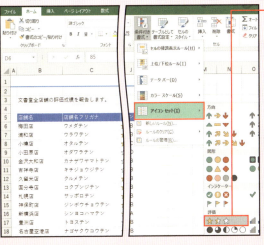

❹ <アイコンセット>をクリックし、任意のアイコンの種類をクリックします。

MEMO: アイコンセットの基準値

3段階のアイコンセットの場合、最小値から最大値までの値を3つのグループ（33％未満、33〜67％未満、67％以上）に分け、数値が該当するグループのアイコンを表示します。

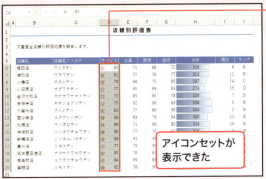

❺ アイコンセットが表示されます。

MEMO: アイコンセットの基準値を変更する

アイコンセットは「条件付き書式」の一種です。「条件付き書式」のルールは、「ルールの管理」で編集することができます（P.239参照）。

SECTION

094
条件付き書式

特定の数値に色を付けて目立たせる

▶ 特定の数値に色を付けるには「条件付き書式」を利用します。「条件付き書式」は、書式を設定する条件と色や飾りなどの書式を設定します。そうすると、条件に合うセルに書式が適用されます。

Before 95点以上の数値を目立たせたい

条件付き書式で95点以上を赤色、太字にしたい

After 95点以上の数値の書式が変わった

条件付き書式が設定された

「条件付き書式」では、数値データに対し「指定の値より大きい」や「指定の範囲内」などの条件を指定することができます。これらの数値に色を付けることで、目的の値をすぐに探し出すことができます。ここでは、評価が95点以上を目立たせます。

条件付き書式で数値に色を付ける

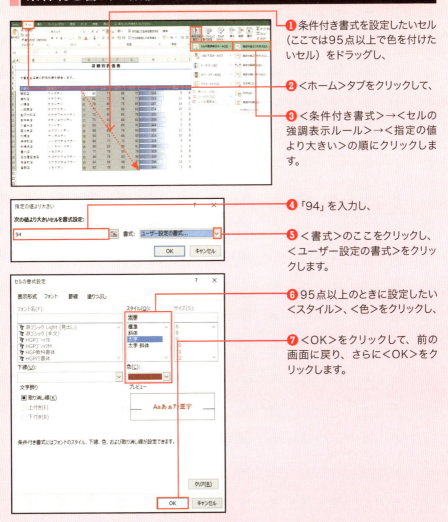

❶ 条件付き書式を設定したいセル（ここでは95点以上で色を付けたいセル）をドラッグし、

❷ ＜ホーム＞タブをクリックして、

❸ ＜条件付き書式＞→＜セルの強調表示ルール＞→＜指定の値より大きい＞の順にクリックします。

❹ 「94」を入力し、

❺ ＜書式＞のここをクリックし、＜ユーザー設定の書式＞をクリックします。

❻ 95点以上のときに設定したい＜スタイル＞、＜色＞をクリックし、

❼ ＜OK＞をクリックして、前の画面に戻り、さらに＜OK＞をクリックします。

❽ 95点以上の値に指定した書式が設定されます。

条件付き書式が設定できた

第8章 ≫ 条件付き書式

SECTION
095 トップ5に色を付けて目立たせる

条件付き書式

> 「条件付き書式」では、数値の高い上位、数値の低い下位のいくつかに色を付けることができます。上位、下位の何位までに色を付けるかは指定することができるので、トップ5、ワースト3などが、かんたんに見分けられます。

Before 「順位」の上位5つを目立たせたい

トップ5に色を付けたい

After 「順位」のトップ5の色を変更できた

トップ5の色が変更された

「条件付き書式」の「上位/下位ルール」は、数値の大きい順に色を付けるとき「上位ルール」、数値の小さい順に色を付けるとき「下位ルール」を設定します。「順位」の1〜5の値に色を付けるには、数値の少ない順、つまり下位の5つに色を付けます。

条件付き書式で上位／下位の項目に色を付ける

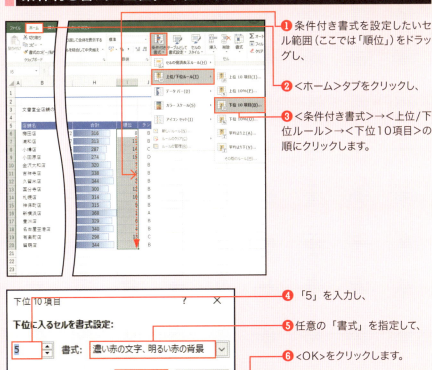

❶ 条件付き書式を設定したいセル範囲（ここでは「順位」）をドラッグし、

❷ <ホーム>タブをクリックし、

❸ <条件付き書式>→<上位/下位ルール>→<下位10項目>の順にクリックします。

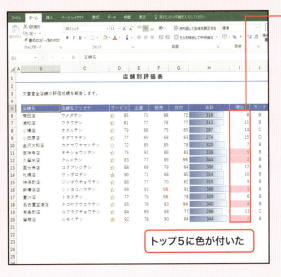

❹ 「5」を入力し、

❺ 任意の「書式」を指定して、

❻ <OK>をクリックします。

❼ 「順位」の数値が低い5つ（上位5位）に色が付きます。

SECTION 096 | 条件付き書式

第8章 | データの傾向を把握する！ 抽出&分析のテクニック

条件付き書式のルールを変更する

「条件付き書式」は、セル範囲に条件と書式を指定します。この条件や書式は「ルールの管理」で詳細を確認したり、編集したりすることができます。データバーやアイコンセットの変更も可能です。

Before アイコンセットの基準値を変更したい

条件付き書式のルールを変更したい

After アイコンの表示を変更できた

レベルが75未満、75〜90、90以上に変更された

「条件付き書式」は、シートを見ただけでは、どこにどのように設定されているかわかりません。＜条件付き書式ルールの管理＞ダイアログボックスを表示して、設定されているセル範囲、書式の内容を確認する必要があります。ここでは、例としてP.233で設定したアイコンセットを変更します。

条件付き書式のルールを編集する

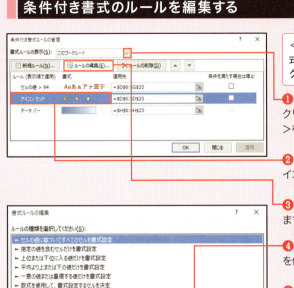

<ホーム>タブの<条件付き書式>→<ルールの管理>の順にクリックしておきます。

❶<書式ルールの表示>のここをクリックして、<このワークシート>をクリックし、

❷変更したいルール（ここでは<アイコンセット>）をクリックして、

❸<ルールの編集>をクリックします。

❹3段階のアイコンセットの基準値を任意の条件に変更し、

❺<OK>をクリックすると、前の画面に戻るので、続いて<OK>をクリックします。

MEMO: ルールごとに内容は異なる

<書式ルールの編集>ダイアログボックスに表示される内容は、設定した条件付き書式のルールにより異なります。

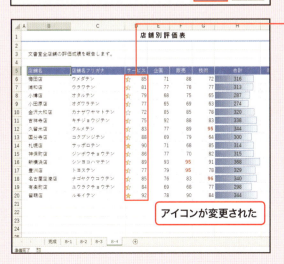

❻条件付き書式のルールが変わりアイコンが変更されます。

SECTION
097 土日に色を付ける
条件付き書式

▶ 特定のデータに書式を設定することができる「条件付き書式」を使って、土日の日付に色を付けます。「条件付き書式」の条件には、日付に対応した曜日を調べるWEEKDAY関数を指定します。

Before 土日の行に自動的に色を付けたい

After 「条件付き書式」で土日の色を変更できた

土日に色を付けたい

土日に色が付いた

「条件付き書式」の条件に式を入力します。ここでは、日付に対応する曜日を1〜7（月曜〜日曜）で表示するWEEKDAY関数を使います。WEEKDAY関数の結果が6以上（つまり土日）の日付に色を付けます。このように「条件付き書式」を使えば、予定表の月を変えても常に土日に色が付きます。

条件付き書式で土日に色を設定する

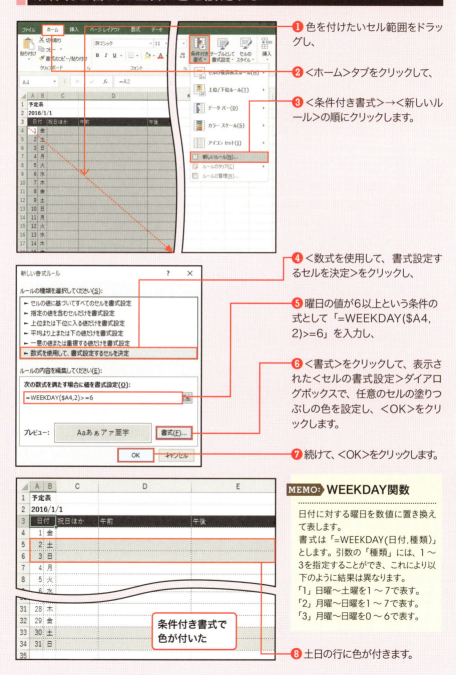

SECTION 098 特定の日付に色を付ける

条件付き書式

第 8 章 | データの傾向を把握する！ 抽出&分析のテクニック

> 土日の日付に色を付けるように、定休日などの特別な日に色を付けたいことがあります。特別な日を別表に用意し、日付がその日にあたるときだけ色が付くように、「条件付き書式」の条件にCOUNTIF関数を設定します。

Before 祝日や定休日などの特別な日に色を付けたい

この表に含まれる日付に色を付けたい

After 指定した日付の色を変更できた

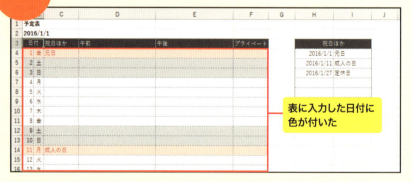

表に入力した日付に色が付いた

「条件付き書式」の条件に指定するCOUNTIF関数は、指定した値が指定した範囲内に何個あるかを数えます。ここでは、色を付けたい日付を別表にあらかじめ入力しておき、A列の日付が別表に何個あるかをCOUNIF関数で数えます。数えた結果が「1」のときに、行に色を付けます。

条件付き書式で祝日など特定の日付に色を設定する

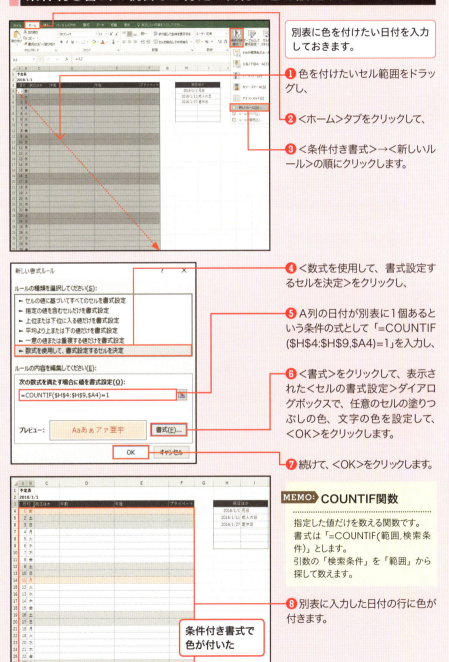

別表に色を付けたい日付を入力しておきます。

❶ 色を付けたいセル範囲をドラッグし、

❷ <ホーム>タブをクリックして、

❸ <条件付き書式>→<新しいルール>の順にクリックします。

❹ <数式を使用して、書式設定するセルを決定>をクリックし、

❺ A列の日付が別表に1個あるという条件の式として「=COUNTIF($H$4:$H$9,$A4)=1」を入力し、

❻ <書式>をクリックして、表示された<セルの書式設定>ダイアログボックスで、任意のセルの塗りつぶしの色、文字の色を設定して、<OK>をクリックします。

❼ 続けて、<OK>をクリックします。

MEMO: COUNTIF関数

指定した値だけを数える関数です。
書式は「=COUNTIF(範囲,検索条件)」とします。
引数の「検索条件」を「範囲」から探して数えます。

❽ 別表に入力した日付の行に色が付きます。

SECTION

099 入力した文字に自動的に色を付ける

条件付き書式

「条件付き書式」では、数値や日付だけでなく文字列に対しても条件の指定ができます。特定の文字に書式を設定する「条件付き書式」を利用し、特定の文字を入力すると色が付くようにします。

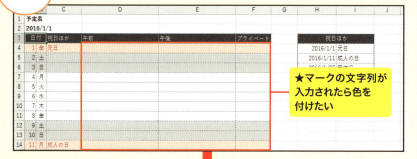

Before 特定の文字に色を付けたい

★マークの文字列が入力されたら色を付けたい

After ★マークが付いた文字列だけ色が変わった

★マークを含む文字列に色が付いた

「条件付き書式」を未入力のセルに設定すると、条件に合う文字が入力されたときにはじめて、指定した書式が適用されます。文字列の場合、特定の文字が含まれるとき書式が変わるようにします。ここでは、重要な項目には先頭に★を入力する決まりにして、★が含まれるセルに色を付けます。

条件付き書式で文字に色を設定する

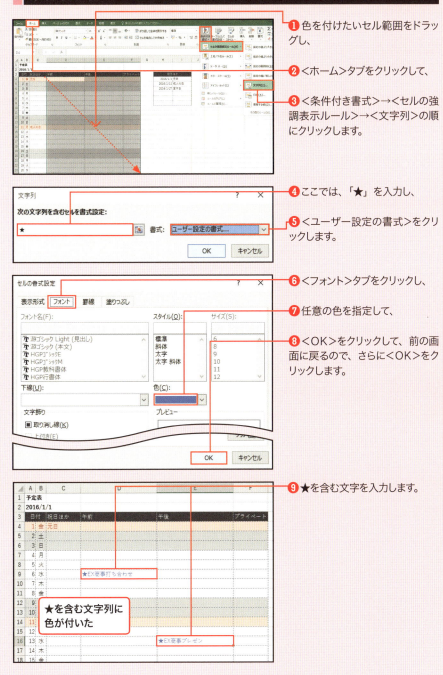

❶ 色を付けたいセル範囲をドラッグし、

❷ <ホーム>タブをクリックして、

❸ <条件付き書式>→<セルの強調表示ルール>→<文字列>の順にクリックします。

❹ ここでは、「★」を入力し、

❺ <ユーザー設定の書式>をクリックします。

❻ <フォント>タブをクリックし、

❼ 任意の色を指定して、

❽ <OK>をクリックして、前の画面に戻るので、さらに<OK>をクリックします。

❾ ★を含む文字を入力します。

SECTION 100 テーブル作成

第8章 データの傾向を把握する！ 抽出&分析のテクニック

テーブルを作成する

「テーブル」は、項目とそれに対するデータの範囲をひとまとめにして管理する機能です。表をテーブルに変換することで、データの入力や抽出、並べ替えなど、多くの操作がかんたんにできます。

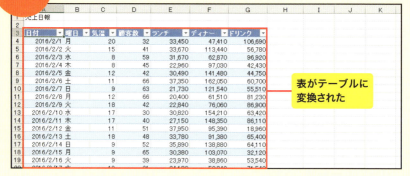

Before 表をテーブルにしたい

表をテーブルに変換したい

After 表をテーブルに変換できた

表がテーブルに変換された

表全体を「テーブル」にすると、まず表全体に罫線や色が設定されます。先頭行にはフィルターボタンが現れ、リボンには「デザイン」タブが追加されます。これらを使いテーブルに特化した機能を利用することができます。

表をテーブルに変換する

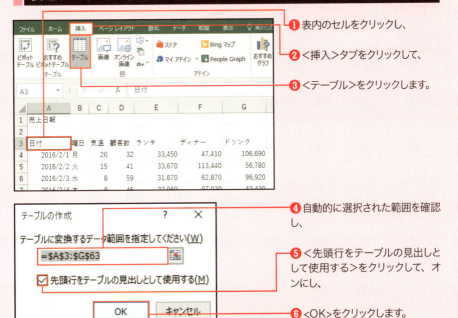

❶ 表内のセルをクリックし、
❷ <挿入>タブをクリックして、
❸ <テーブル>をクリックします。

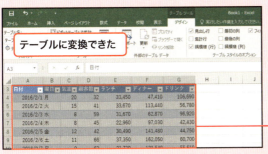

❹ 自動的に選択された範囲を確認し、
❺ <先頭行をテーブルの見出しとして使用する>をクリックして、オンにし、
❻ <OK>をクリックします。

MEMO: 表面の範囲を選択する

表の途中に空白行があったり、表に隣接するセルにデータが入力してあると、表全体が正しく選択されません。その場合は、ドラッグして表の範囲を指定します。

❼ 表全体に罫線や色が付いたテーブルになります。

◎ COLUMN ☑

テーブルの色を変更する

テーブル内のセルをクリックすると、<デザイン>タブが現れます。ここの「テーブルスタイル」には、テーブル全体のデザインを決めるスタイルが用意されています。ここから好きなスタイルを選択します。

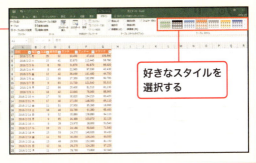

好きなスタイルを選択する

SECTION 101 テーブル作成

第8章 データの傾向を把握する！ 抽出&分析のテクニック

テーブルに数式を入力する

テーブルでは、データを列や行で管理しています。そのため、数式も列や行を指定して作成します。通常の表のようにセルの列、行番号で作る式と見かけは違いますが、式の作成方法は同じです。

Before 項目を追加して式を入力したい

ここにランチ、ディナー、ドリンクの合計を表示したい

After テーブルに数式を入力できた

新しい列に数式を入力できた

「売上金額」の項目に、ランチ、ディナー、ドリンクを足した金額を表示する場合の式は、「=[@ランチ]+[@ディナー]+[@ドリンク]」となります。このようにデータを@項目名で記述する方法を「構造化参照」といいます。式の内容がわかりやすい「構造化参照」は、テーブルでは自動的に採用されます。

テーブルに数式を入力して計算する

❶ テーブルに隣接するセル（ここでは [H3]）に項目名（ここでは [売上金額]）を入力し、Enterキーを押します。

❷ テーブルの範囲が自動的に広がります。

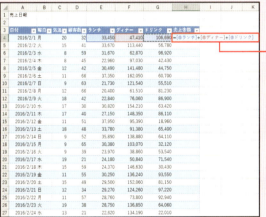

❸ 売上金額を表示したいセル（ここでは [H4]）に「=」を入力し、

❹ 続いて、売上金額を求める数式（ここでは [@ランチ] + [@ディナー] + [@ドリンク]）を入力して、

MEMO: 数式の入力方法

「=」に続けて、「ランチ」のセルE4をクリックすると自動的に「=[@ランチ]」と表示されます。

❺ 最後にEnterキーを押します。

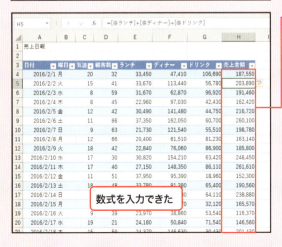

❻ 入力した式は、自動的に列全体にコピーされます。

数式を入力できた

第8章 テーブル作成

SECTION
102 テーブルにデータを追加する
デーブル作成

第 8 章 | データの傾向を把握する！ 抽出&分析のテクニック

> テーブルは、表全体をひとつの範囲として認識していますが、新しいデータを追加することもできます。データを追加すると、テーブルの範囲は自動的に広がり、罫線などの書式も引き継がれます。

Before テーブルにデータを追加したい

一番下に新しい
データを入力したい

After テーブルに新しいデータを追加できた

データが追加された

テーブルにデータを追加した場合、テーブルの範囲が自動的に広がり、罫線や色が整えられます。また、数式も自動的にコピーされます。通常の表の場合は、新しく追加した行の書式や数式を整えなくてはなりませんが、テーブルでは、必要なデータを入力するだけで整います。

250

テーブルの最終行にデータを追加する

❶ テーブル下の隣接するセル（ここでは［A64］）をクリックします。

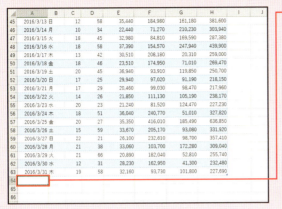

❷ 日付を入力し、

❸ 罫線や色、数式がコピーされることを確認します。

❹ そのほかの必要なデータを入力します。

新しいデータが追加された

SECTION
103 特定のデータを抽出する
データ抽出

第 8 章 | データの傾向を把握する! 抽出&分析のテクニック

> テーブルでは、特定のデータのみを抽出して表示し、それ以外を非表示にすることがかんたんにできます。テーブルの先頭行に表示されているフィルターボタンから、表示したいデータを指定します。

Before 月曜日のデータだけ表示したい

月曜日だけ表示したい

After 月曜日のデータのみ表示された

月曜日以外のデータが非表示になった

テーブルの項目行にあるフィルターボタン ▼ は、<データ>タブの「フィルター」機能によるもので、テーブルではこの機能が自動的にオンになります。フィルター機能は、条件に合うデータのみ表示します。ここでは、曜日が「月」のデータだけを抽出して表示します。

フィルターで特定のデータを抽出する

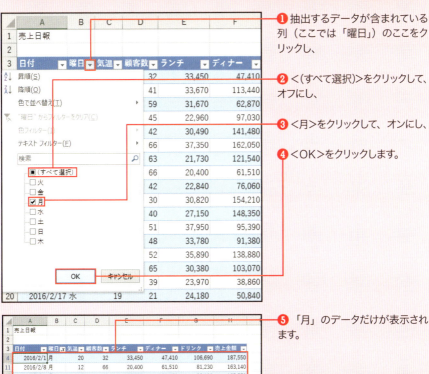

❶ 抽出するデータが含まれている列（ここでは「曜日」）のここをクリックし、

❷ <(すべて選択)>をクリックして、オフにし、

❸ <月>をクリックして、オンにし、

❹ <OK>をクリックします。

❺ 「月」のデータだけが表示されます。

特定のデータが抽出された

COLUMN

データの抽出を解除する

抽出の条件が設定されている列では、ボタンが に変わります。これをクリックし、<～からフィルターをクリア>をクリックします。これでデータの抽出状態が解除されます。

「"曜日"からフィルターをクリア」をクリックする

SECTION

104 特定の条件でデータを抽出する

データ抽出

第 8 章｜データの傾向を把握する！ 抽出＆分析のテクニック

> 特定のデータを抽出して表示するフィルターボタンは、データの種類によって設定できる条件が異なります。数値が入力された列では、○○以上○○未満のようにデータの範囲を指定することができます。

Before 売上金額が200,000～250,000のデータを表示したい

数値の範囲を指定して抽出したい

After 指定した範囲のデータが表示できた

200,000～250,000のデータが表示された

数値データを対象に抽出する場合、「～以上」や「～未満」といった条件を指定することができます。このような条件は、数値が入力された列のフィルターボタンで表示される「数値フィルター」で設定できます。ここでは、「～以上」と「～未満」の2つの条件を指定します。

特定の範囲のデータを抽出する

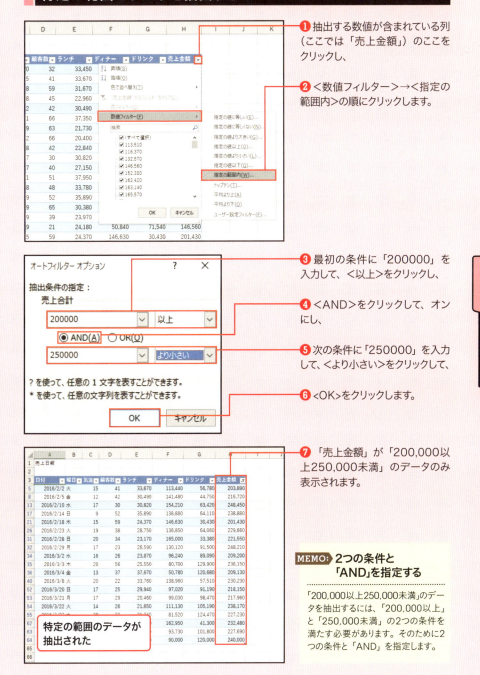

❶ 抽出する数値が含まれている列（ここでは「売上金額」）のここをクリックし、

❷ <数値フィルター>→<指定の範囲内>の順にクリックします。

❸ 最初の条件に「200000」を入力して、<以上>をクリックし、

❹ <AND>をクリックして、オンにし、

❺ 次の条件に「250000」を入力して、<より小さい>をクリックして、

❻ <OK>をクリックします。

❼ 「売上金額」が「200,000以上250,000未満」のデータのみ表示されます。

MEMO: 2つの条件と「AND」を指定する

「200,000以上250,000未満」のデータを抽出するには、「200,000以上」と「250,000未満」の2つの条件を満たす必要があります。そのために2つの条件と「AND」を指定します。

SECTION 105 売上トップ10を抽出する

データ抽出

数値データが入力してある列では、数値の大きい順に上位のデータだけ抽出することができます。上位10位までのデータをトップ10として表示し、それ以外を非表示にします。

Before 売上金額の高い上位10位のデータを表示したい

売上のトップ10を表示したい

After 売上金額のトップ10を表示できた

トップ10のデータが表示された

数値の高い上位のデータは、「数値フィルター」に用意されている「トップテン」で抽出することができます。この機能を使えば、かんたんに上位データだけを抜き出すことが可能です。なお、データは数値の高い順に並んで表示されません。数値の高い順に並べ替える場合は、P.259の方法で行います。

トップ10のデータを抽出する

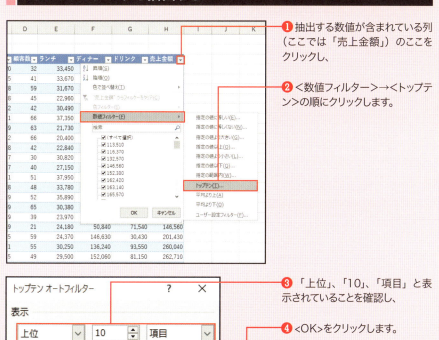

❶ 抽出する数値が含まれている列（ここでは「売上金額」）のここをクリックし、

❷ <数値フィルター>→<トップテン>の順にクリックします。

❸ 「上位」、「10」、「項目」と表示されていることを確認し、

❹ <OK>をクリックします。

❺ 売上金額の高い10件のデータのみ表示されます。

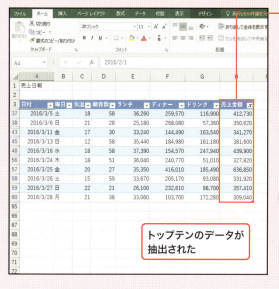

MEMO: トップ5や下位10%も表示可能

「上位」、「10」、「項目」をそれぞれ変更することで、「上位5項目」や「下位10%」などの表示もできます。

SECTION
106 売上の高い順に並べ替える
並べ替え

第8章｜データの傾向を把握する！ 抽出&分析のテクニック

データを抽出して表示するフィルターボタンでは、データの並べ替えも指定することができます。並べ替えの基準にする列のフィルターボタンを使い、降順に並べ替えます。

Before 売上金額の高い順に並べ替えたい

	A	B	C	D	E	F	G	H	I	J	K
1	売上日報										
2											
3	日付	曜日	気温	顧客数	ランチ	ディナー	ドリンク	売上金額			
4	2016/2/1	月	20	32	33,450	47,410	106,690	187,550			
5	2016/2/2	火	15	41	33,670	113,440	56,780	203,890			
6	2016/2/3	水	8	59	31,670	62,870	96,920	191,460			
7	2016/2/4	木	8	45	22,960	97,030	42,430	162,420			
8	2016/2/5	金	12	42	30,490	141,480	44,750	216,720			
9	2016/2/6	土	11	66	37,350	162,050	60,700	260,100			
10	2016/2/7	日	9	63	21,730	121,540	55,510	198,780			
11	2016/2/8	月	12	66	20,400	61,510	81,230	163,140			
12	2016/2/9	火	18	42	22,840	76,060	86,900	185,800			
13	2016/2/10	水	17	30	30,820	154,210	63,420	248,450			
14	2016/2/11	木	17	40	27,150	148,350	86,110	261,610			

売上金額の降順に並べ替えたい

After 売上金額の高い順に並べ替えができた

	A	B	C	D	E	F	G	H	I	J	K
1	売上日報										
2											
3	日付	曜日	気温	顧客数	ランチ	ディナー	ドリンク	売上合計			
4	2016/3/25	金	20	27	35,350	416,010	185,490	636,850			
5	2016/3/16	水	18	58	37,390	154,570	247,940	439,900			
6	2016/3/5	土	18	58	36,260	259,570	116,900	412,730			
7	2016/3/13	月	12	58	35,440	184,980	161,180	381,600			
8	2016/3/27	日	22	21	26,100	232,610	98,700	357,410			
9	2016/3/1	月	21	28	25,180	268,080	57,360	350,620			
10	2016/3/11	金	17	30	33,240	144,490	163,540	341,270			
11	2016/3/26	土	15	59	33,670	205,170	93,080	331,920			
12	2016/3/24	木	18	51	36,040	240,770	51,010	327,820			
13	2016/3/28	月	21	38	33,060	103,700	172,280	309,040			
14	2016/3/7	月	22	40	23,450	192,200	91,920	307,570			
15	2016/3/14	月	10	34	22,440	71,270	210,230	303,940			
16	2016/3/9	水	11	52	37,870	165,400	88,980	292,250			
17	2016/3/15	火	18	45	32,980	84,810	169,590	287,380			
18	2016/3/10	木	16	62	37,860	138,400	104,820	281,080			

金額の降順に並べ変わった

並べ替えは、＜ホーム＞タブの＜並べ替えとフィルター＞でも行うことはできます。この場合、あらかじめ並べ替えの基準とする列をクリックしておく必要があります。テーブルでは、基準とする列にあるフィルターボタンを使うので、直感的に操作ができます。

フィルターボタンで降順に並べ替える

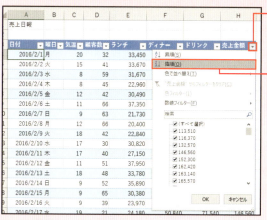

❶ 抽出する数値が含まれている列（ここでは「売上金額」）のここをクリックし、

❷ <降順>をクリックします。

❸ 売上金額の高い順に並び替わります。

金額の降順に並び替わった

MEMO: 並べ替えが実行された列がわかる

並べ替えを行ったフィルターボタンは、（降順）や（昇順）に変わります。この表示で、どの列を対象に並べ替えが実行されたかがわかります。

◎ COLUMN ☑

並び順をもとに戻す

並べ替えを解除する機能は用意されていません。ここで使用した「売上日報」の場合は、並べ替えを行う前に日付順に並んでいたので、「日付」を昇順に並べ替えることで、もとに戻すことができます。このようにもとの並び順の基準がない場合は、あらかじめ「番号」などの項目を用意し、データに連番を付けておくとよいでしょう。

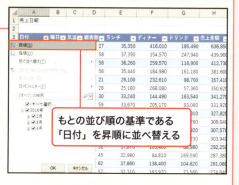

もとの並び順の基準である「日付」を昇順に並べ替える

SECTION 107 並べ替え

第8章 データの傾向を把握する！ 抽出&分析のテクニック

グループごとに売上の高い順に並べる

並べ替えは列ごとに行います。「曜日ごとに売上金額の高い順」にするには、「売上金額」と「曜日」の列でそれぞれ並べ替えを行う必要があります。複数の列を対象に並べ替えるには実行する順番が重要です。

Before 曜日ごとに売上金額を高い順に並べたい

	A	B	C	D	E	F	G	H
1	売上日報							
2								
3	日付	曜日	気温	顧客数	ランチ	ディナー	ドリンク	売上金額
4	2016/2/1	月	20	32	33,450	47,410	106,690	187,550
5	2016/2/2	火	15	41	33,670	113,440	56,780	203,890
6	2016/2/3	水	8	59	31,670	62,870	96,920	191,460
7	2016/2/4	木	8	45	22,960	97,030	42,430	162,420
8	2016/2/5	金	12	42	30,490	141,480	44,750	216,720
9	2016/2/6	土	11	66	37,350	162,050	60,700	260,100
10	2016/2/7	日	9	63	21,730	121,540	55,510	198,780
11	2016/2/8	月	12	66	20,400	61,510	81,230	163,140
12	2016/2/9	火	18	42	22,840	76,060	86,900	185,800
13	2016/2/10	水	17	30	30,820	154,210	63,420	248,450
14	2016/2/11	木	17	40	27,150	148,350	86,110	261,610

同じ曜日の中で売上金額を降順にしたい

After 曜日ごとに売上金額の高い順に並べ変わった

	A	B	C	D	E	F	G	H
1	売上日報							
2								
3	日付	曜日	気温	顧客数	ランチ	ディナー	ドリンク	売上金額
4	2016/3/15	火	18	45	32,980	84,810	169,590	287,380
5	2016/3/29	火	21	66	20,890	182,040	52,810	255,740
6	2016/3/22	火	14	26	21,850	111,130	105,190	238,170
7	2016/3/8	火	20	22	33,760	138,960	57,510	230,230
8	2016/2/23	火	19	38	28,750	136,850	64,060	229,660
9	2016/2/2	火	15	41	33,670	113,440	56,780	203,890
10	2016/2/9	火	18	42	22,840	76,060	86,900	185,800
11	2016/3/1	火	18	60	30,400	43,640	109,340	183,380
12	2016/2/16	火	9	39	23,970	38,860	53,540	116,370
13	2016/3/25	金	20	27	35,350	416,010	185,490	636,850
14	2016/3/11	金	17	30	33,240	144,490	163,540	341,270
15	2016/3/18	金	18	46	23,510	174,950	71,010	269,470

同じ曜日のグループの中で降順になった

「曜日」の並べ替えでは、曜日ごとのグループ化が行われます。複数の列で並べ替えを行う場合、グループ化のための並べ替えを最後に行うのが鉄則です。つまり、ここでは「売上金額」を降順に並べ替えたあと、「曜日」の並べ替えを行います。

複数の列で並べ替える

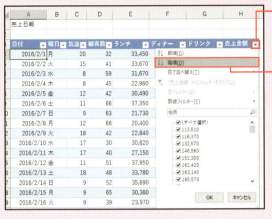

❶ 抽出する数値が含まれている列（ここでは「売上金額」）のここをクリックし、

❷ <降順>をクリックします。

❸ 抽出する数値が含まれている列（ここでは「曜日」）のここをクリックし、

❹ <昇順>をクリックします。

❺ 同じ曜日のグループ内で売上金額が降順に並び替わります。

MEMO: 曜日は50音順に並ぶ

「曜日」には、「月」や「火」などの文字データがあります。これを昇順に並べ替えた場合、50音順になります。

SECTION 108 集計

第 8 章 | データの傾向を把握する！ 抽出&分析のテクニック

テーブルに集計行を追加する

テーブルのデータを合計したり、数を数えたりするには、テーブルに用意されている集計機能を使います。テーブルの下に集計行が追加され、かんたんに合計行などを表示することができます。

Before テーブルの列ごとの合計を表示したい

	A	B	C	D	E	F	G	H	I	J	K
1	売上日報										
2											
3	日付 ▼	曜日 ▼	気温 ▼	顧客数 ▼	ランチ ▼	ディナー ▼	ドリンク ▼	売上金額 ▼			
4	2016/2/1	月	20	32	33,450	47,410	106,690	187,550			
5	2016/2/2	火	15	41	33,670	113,440					
6	2016/2/3	水	8	59	31,670		172,280	309,040			
61						182,04					
62	2016/3/30	水	12	31	28,230	162,95					
63	2016/3/31	木	19	58	32,160	93,730	101,800	227,690			
64	2016/4/1	金	20	55	30,000	90,000	120,000	240,000			
65											
66											

列の合計を表示したい

After テーブルの下に集計行を表示できた

	A	B	C	D	E	F	G	H	I	J	K
1	売上日報										
2											
3	日付 ▼	曜日 ▼	気温 ▼	顧客数 ▼	ランチ ▼	ディナー ▼	ドリンク ▼	売上金額 ▼			
4	2016/2/1	月	20	32	33,450	47,410	106,690	187,550			
5	2016/2/2	火	15	41	33,670	113,440					
6	2016/2/3	水	8	59	31,670		172,280	309,040			
61						182,040	52,810	255,740			
62	2016/3/30	水	12	31	28,230	162,9					
63	2016/3/31	木	19	58	32,160	93,7					
64	2016/4/1	金	20	55	30,000	90,000	120,000	240,000			
65	集計				1,804,940	7,944,810	5,352,900	15,102,650			
66											

列の合計が表示された

テーブルの下の集計行は、表示、非表示を切り替えることができ、テーブルならではの使い方が可能です。サンプルデータのように日々データが増える売上日報では、集計行はデータを追加するときに邪魔になります。データを入力するときは非表示にし、必要なときに表示します。

テーブルに集計行を設定する

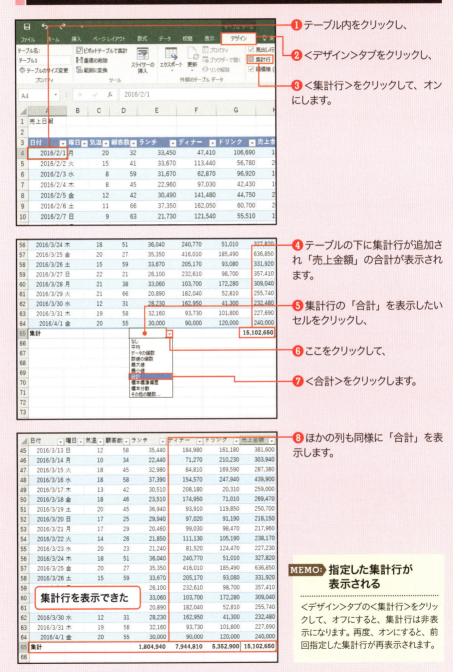

❶ テーブル内をクリックし、

❷ <デザイン>タブをクリックし、

❸ <集計行>をクリックして、オンにします。

❹ テーブルの下に集計行が追加され「売上金額」の合計が表示されます。

❺ 集計行の「合計」を表示したいセルをクリックし、

❻ ここをクリックして、

❼ <合計>をクリックします。

❽ ほかの列も同様に「合計」を表示します。

MEMO: 指定した集計行が表示される

<デザイン>タブの<集計行>をクリックして、オフにすると、集計行は非表示になります。再度、オンにすると、前回指定した集計行が再表示されます。

COLUMN

見せたいのは順位？ 大きさ？ 数値の見せ方

数値を並べて見せるのには、目的があるはずです。売上データなら売上高の高いものや低いものを目立たせたい、あるいは、数値の差をはっきりさせたい、場合によっては売上金額より売上順位を知りたいこともあります。このように、同じ数値でも目的によって、見たいものは違います。数値をどのように表示すれば、それを強調することができるか、データの見せ方を工夫する必要があります。

それには、「条件付き書式」や「並べ替え」により表を整えます。条件付き書式のデータバーやアイコンは、数値だけの味気ない表を派手にすることができ、文書をきれいに仕上げるのに使いたくなります。しかし、的外れな使い方をすると、見せたいものが逆に隠れてしまうこともあるので、注意が必要です。

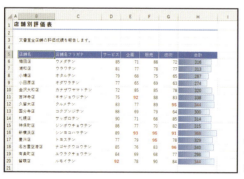

データバーを使うことで、点数の差やバラつきがよくわかる。並び順は店舗名が探しやすい50音順。

合計の高い順に並べることで、全体の中での位置がわかる。

第9章

数値をひと目で伝える！
グラフのテクニック

SECTION 109 グラフ作成

第 9 章 | 数値をひと目で伝える！ グラフのテクニック

グラフを作成する

エクセルではさまざまな種類のグラフを作ることができます。作り方は、どのグラフでも基本的には同じです。表のどの項目、どの数値をグラフ化するか選択し、どのグラフ種類で表示するのかを決定します。

Before 商品別売上を比較する棒グラフを作成したい

ここにグラフを作成したい

After 積み上げ棒グラフができた

グラフが作成された

グラフを作成するために必要な操作は、グラフ化したい項目や数値の範囲選択とグラフ種類の指定です。グラフ作成では、的確なグラフ種類を選ぶことが重要です。数値の差を強調して見せるなら折れ線グラフや棒グラフ、割合を比較するなら円グラフというように、目的に合わせてグラフを選びます。

セル範囲を選択してグラフを作成する

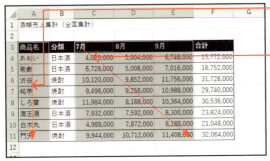

❶ グラフ化したいセル（ここでは[A3]〜[A11]）をドラッグし、

❷ 続いてグラフ化したいセル（[C3]〜[E11]）を Ctrl キーを押しながらドラッグします。

MEMO：項目と数値の範囲を指定する

ここではB列の「分類」をグラフに表示させたくないため、「商品名」とそれに対応する数値の2つの範囲を選択しています。連続していれば1つの範囲でも問題ありません。

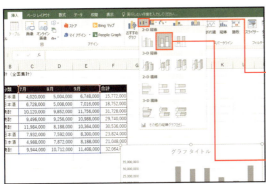

❸ ＜挿入＞タブの＜縦棒／横棒グラフの挿入＞（Excel 2013では＜縦棒グラフの挿入＞、Excel 2010では＜縦棒＞）をクリックし、

❹ 任意のグラフ（ここでは＜積み上げ縦棒＞）をクリックします。

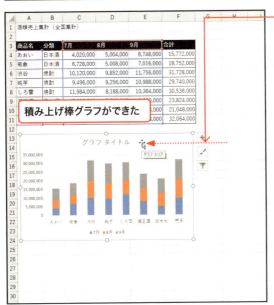

❺ ＜グラフエリア＞をドラッグし、移動します。

MEMO：グラフエリア

「グラフエリア」とはグラフ全体を表す名称です。マウスポインターに表示される名前を確認してクリックするのが確実です。

❻ 積み上げ棒グラフができます。

MEMO：タイトルを入力する

グラフ内の＜グラフタイトル＞、または、自動的に表示されるタイトルをクリックし、書き換えます。Excel 2010では、＜レイアウト＞タブ→＜グラフタイトル＞の順にクリックし、任意の項目をクリックします。

第9章 グラフ作成

SECTION 110 グラフの編集

第 9 章 | 数値をひと目で伝える！ グラフのテクニック

グラフのレイアウトや色を変更する

項目や数値から作成したグラフは、各パーツの配置や色が決められた基本のグラフです。これを、かんたんにほかのレイアウトや色に変更できます。グラフのサイズはそのままで、グラフの印象が変わります。

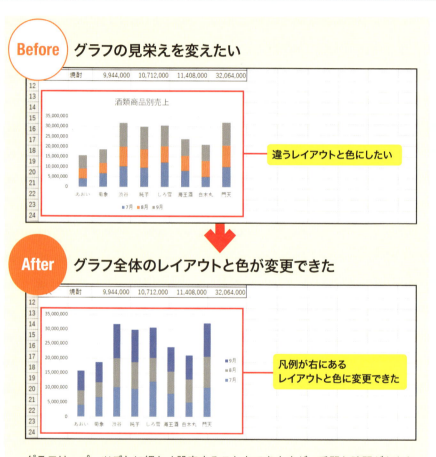

Before グラフの見栄えを変えたい

違うレイアウトと色にしたい

After グラフ全体のレイアウトと色が変更できた

凡例が右にある
レイアウトと色に変更できた

グラフは、パーツごとに細かく設定することもできますが、手間と時間がかかります。そこで、グラフ全体のレイアウトや色を変更することができる「クイックレイアウト」、「色の変更」を使いましょう。かんたんにグラフの見栄えを変えることができます。

グラフのレイアウトと色をかんたんに変更する

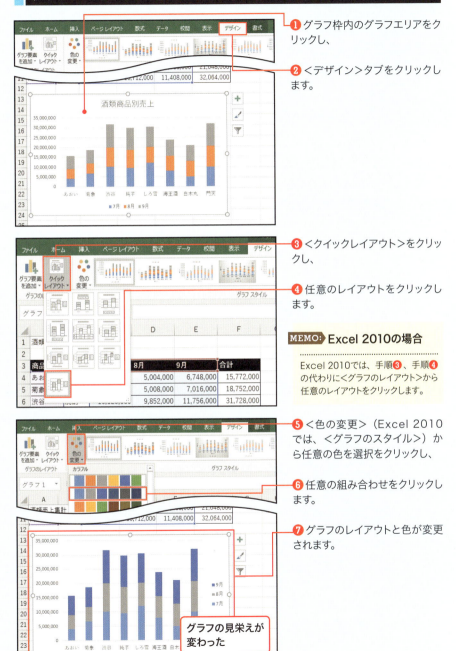

❶ グラフ枠内のグラフエリアをクリックし、

❷ ＜デザイン＞タブをクリックします。

❸ ＜クイックレイアウト＞をクリックし、

❹ 任意のレイアウトをクリックします。

MEMO: Excel 2010の場合

Excel 2010では、手順❸、手順❹の代わりに＜グラフのレイアウト＞から任意のレイアウトをクリックします。

❺ ＜色の変更＞（Excel 2010では、＜グラフのスタイル＞）から任意の色を選択をクリックし、

❻ 任意の組み合わせをクリックします。

❼ グラフのレイアウトと色が変更されます。

グラフの見栄えが変わった

第9章 グラフの編集

SECTION 111 グラフの編集

第 9 章 | 数値をひと目で伝える！ グラフのテクニック

グラフに要素を追加する

グラフには、タイトルや凡例、軸ラベル、データラベルなどの細かいパーツ（要素）が用意されています。これらは、必要に応じて追加することができます。ここでは、グラフの縦軸にラベルを追加します。

Before グラフの数値軸にラベルを追加したい

ここにラベルを追加したい

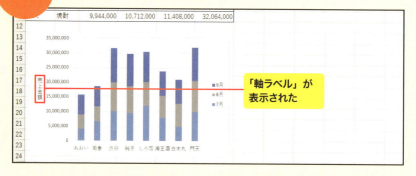

After 数値軸に「軸ラベル」を追加できた

「軸ラベル」が表示された

グラフ内のパーツは、グラフの種類によって異なります。ここでは、棒グラフや折れ線グラフでよく見る「軸ラベル」を追加します。さらに、文字が縦書きになるように書式設定を行います。

グラフにパーツを追加する

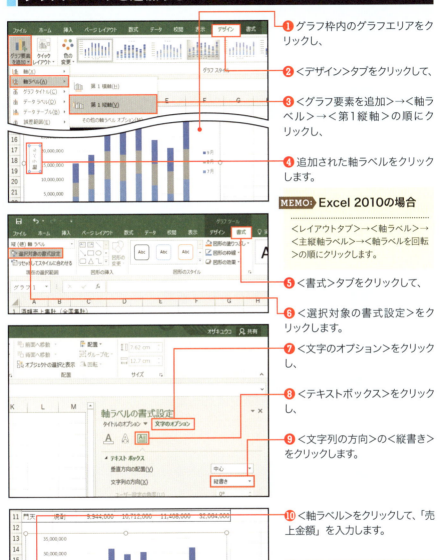

❶ グラフ枠内のグラフエリアをクリックし、

❷ <デザイン>タブをクリックして、

❸ <グラフ要素を追加>→<軸ラベル>→<第1縦軸>の順にクリックし、

❹ 追加された軸ラベルをクリックします。

MEMO: Excel 2010の場合

<レイアウトタブ>→<軸ラベル>→<主縦軸ラベル>→<軸ラベルを回転>の順にクリックします。

❺ <書式>タブをクリックして、

❻ <選択対象の書式設定>をクリックします。

❼ <文字のオプション>をクリックし、

❽ <テキストボックス>をクリックし、

❾ <文字列の方向>の<縦書き>をクリックします。

❿ <軸ラベル>をクリックして、「売上金額」を入力します。

MEMO: Excel 2010の場合

手順❻のあとに表示される<軸ラベルの書式設定>ダイアログボックスで、<配置>をクリックし、<文字列の方向>の<縦書き>をクリックして、<閉じる>をクリックします。

SECTION 112 グラフの編集

第 9 章 | 数値をひと目で伝える！ グラフのテクニック

数値軸の表示を万単位にする

グラフのもとになっている数値データの桁が多い場合、グラフの縦軸の目盛りも桁が多くなり、数値が読みづらくなってしまいます。数値軸の目盛りを万単位や千万単位に変更すれば読みやすくなります。

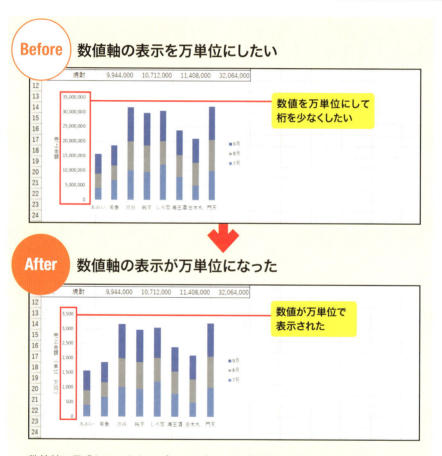

Before 数値軸の表示を万単位にしたい

数値を万単位にして桁を少なくしたい

After 数値軸の表示が万単位になった

数値が万単位で表示された

数値軸の目盛りは、もとのデータに合わせて自動的に決められますが、細かく指定するためのオプションも用意されています。目盛りの表示を万単位に変換するのも、そのひとつです。こうしたオプションは、＜軸の書式設定＞ウィンドウを開き、＜軸のオプション＞で指定することができます。

数値軸の目盛りの表示を変更する

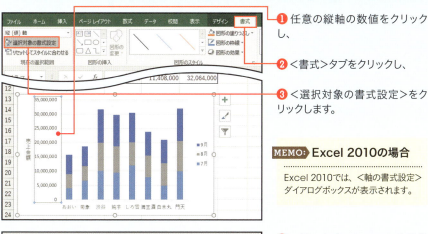

❶ 任意の縦軸の数値をクリックし、

❷ <書式>タブをクリックし、

❸ <選択対象の書式設定>をクリックします。

MEMO: Excel 2010の場合

Excel 2010では、<軸の書式設定>ダイアログボックスが表示されます。

❹ <軸のオプション>の<表示単位>の<万>をクリックして、

❺ <表示単位のラベルをグラフに表示する>をクリックして、オフにします。

MEMO: Excel 2010の場合

<軸の書式設定>ダイアログボックスの<軸のオプション>をクリックし、手順❹、手順❺の指定をします。指定したあと、<閉じる>をクリックします。

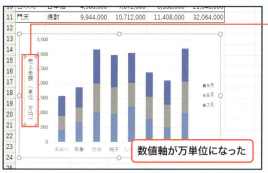

❻ <軸ラベル>をクリックして、「(単位 万円)」の文字を追加します。

❼ 数値軸が万単位の表示になります。

数値軸が万単位になった

第9章 グラフの編集

273

SECTION
113
グラフの編集

第 9 章 | 数値をひと目で伝える! グラフのテクニック

棒グラフの間隔を調整する

棒グラフの棒の間隔や太さは自動的に調整されていますが、これを変更すれば、グラフ全体の印象は違ったものになります。間隔を変えることで、結果的に棒の太さが変わり、オリジナルのグラフになります。

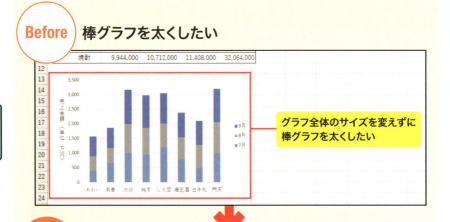

Before 棒グラフを太くしたい

グラフ全体のサイズを変えずに棒グラフを太くしたい

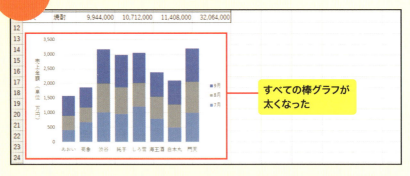

After 間隔を狭くして棒グラフを太くできた

すべての棒グラフが太くなった

よく使われる棒グラフは、いつも同じ印象になりがちです。棒グラフの太さを変更すれば、ほかとは違うものになります。また、棒グラフに実際の数値データを表示したいときにも棒グラフの太さ調整は必要です。棒グラフの間隔を変えれば全体が自動調整され、棒グラフの太さが変わります。

棒グラフの間隔を変更する

❶ 任意の棒をクリックし、

❷ <書式>タブをクリックし、

❸ <選択対象の書式設定>をクリックします。

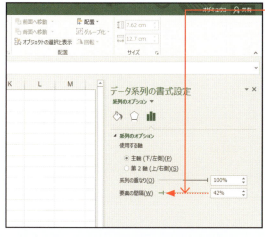

❹ <系列のオプション>の<要素の間隔>のバーをドラッグして間隔を狭くします。

MEMO: Excel 2010の場合

手順❸のあとに表示される<データ系列の書式設定>ダイアログボックスで、手順❹を行い、<閉じる>をクリックします。

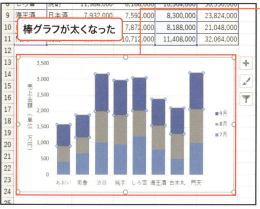

❺ 間隔が調整され、棒グラフが太くなります。

SECTION 114 円グラフ

第 9 章 | 数値をひと目で伝える！ グラフのテクニック

円グラフを見やすくする

> 円グラフは割合を表示するシンプルなグラフですが、場合によってはとても見づらくなってしまいます。円グラフを効果的に見せるには、表示される順番を変えたり、一部を強調したりする操作が必要です。

Before 円グラフを見やすくしたい

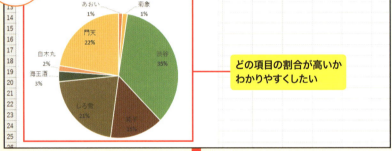

どの項目の割合が高いかわかりやすくしたい

After 割合の高い順がわかりやすくなった

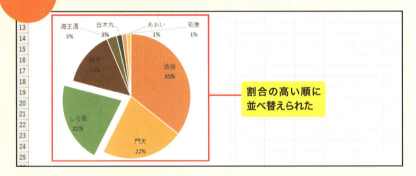

割合の高い順に並べ替えられた

円グラフは見せ方が重要です。円グラフを見る人は、時計回りに項目を見るのが普通です。そこで、割合の高い順に時計回りに項目を並べます。どれが高い割合かすぐにわかり、データを把握しやすくなります。円グラフのもとになっている数値データの並び順を変更します。

数値データを降順に並べ替える

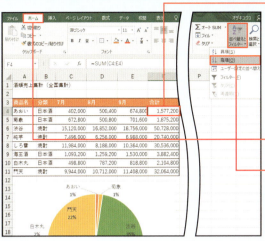

分類名(3行目)を含まないセル[A4]～セル[A11]とセル[F4]～セル[F11]の範囲をもとに円グラフを作成しておきます。

❶ グラフのもとの<合計>の値をクリックし、

❷ <ホーム>タブをクリックして、

❸ <並べ替えとフィルター>→<降順>の順にクリックします。

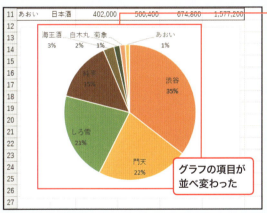

❹ グラフの項目が割合の高い順に時計回りに並びます。

グラフの項目が並べ変わった

第9章 ≫円グラフ

◉ COLUMN ☑

項目の一部を切り離す

切り離したい項目を2回クリックします。このとき、切り離したい項目にハンドル◯が表示されていることを確認します。そのあと、項目をドラッグして移動します。

切り離すことで強調される

第 9 章 | 数値をひと目で伝える！ グラフのテクニック

円グラフを補助円付きに変更する

SECTION 115 円グラフ

> 円グラフの一種、補助円付きの円グラフは、いくつかの項目をひとつにまとめ、その内訳を補助円に表示します。数値の小さい項目が多いときは、補助円を活用すると見やすくなります。

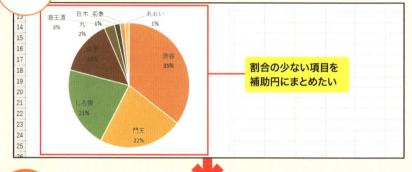

Before 補助円付き円グラフに変更したい

割合の少ない項目を補助円にまとめたい

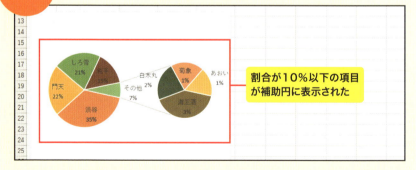

After 補助円付き円グラフができた

割合が10％以下の項目が補助円に表示された

補助円付き円グラフは、割合の少ない項目を「その他」としてまとめて表示するのに便利です。必ずしも割合の少ない項目を補助円にする必要はなく、項目は指定することができます。ここでは、割合が10％未満の項目を補助円にします。

円グラフを補助円付きに変更して表示項目を指定する

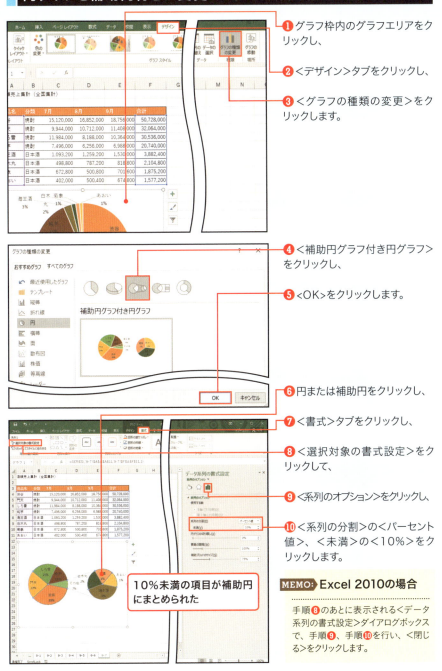

❶ グラフ枠内のグラフエリアをクリックし、

❷ <デザイン>タブをクリックし、

❸ <グラフの種類の変更>をクリックします。

❹ <補助円グラフ付き円グラフ>をクリックし、

❺ <OK>をクリックします。

❻ 円または補助円をクリックし、

❼ <書式>タブをクリックし、

❽ <選択対象の書式設定>をクリックして、

❾ <系列のオプション>をクリックし、

❿ <系列の分割>の<パーセント値>、<未満>の<10%>をクリックします。

MEMO： Excel 2010の場合

手順❽のあとに表示される<データ系列の書式設定>ダイアログボックスで、手順❾、手順❿を行い、<閉じる>をクリックします。

SECTION **116** 円グラフ

第 9 章 │ 数値をひと目で伝える！　グラフのテクニック

ドーナツグラフの中心に値を表示する

> ドーナツグラフには、円グラフの中心に穴が空いています。この穴を利用して、グラフのタイトルや合計値を表示させます。ドーナツグラフにはこのような機能はないため図形を利用して文字を表示します。

Before ドーナツグラフの中心に金額を表示したい

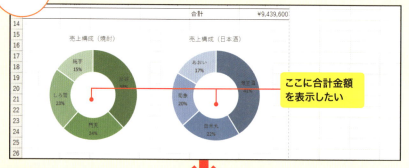

ここに合計金額を表示したい

After 表の合計金額を表示できた

合計金額が表示された

ドーナツグラフの穴の部分に図形の「テキストボックス」を配置し、そこに合計値を表示します。「テキストボックス」は、グラフの上に重ねることができるため、グラフに文字を書き込みたいとき、たとえば、グラフに説明文を付けたいときなどにも利用できます。

ドーナツグラフにテキストボックスを配置する

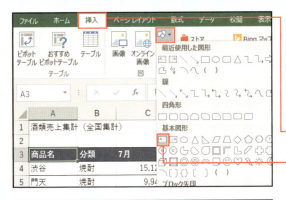

ドーナツグラフの中心に表示したい数値をセルに用意しておきます。ここでは「売上合計」を表示させるので、セル [F8]、セル [F13] に合計を計算する式（SUM関数）を入力し、計算しておきます。

❶ <挿入>タブをクリックし、

❷ <図形>→<テキストボックス>の順にクリックします。

❸ 円の中をクリックしてテキストボックスの位置を決め、

❹ 数式バーに「=」を入力して、

❺ 表示したい値（ここでは、セル [F8]）をクリックして、

❻ Enterキーを押します。

> **MEMO: 数式バーに入力する**
>
> テキストボックスにセルを参照する式「=$F$8」を入力するときは、数式バーに入力します。テキストボックスに直接入力した場合は、式として認められません。

❼ セル [F8] の合計が表示されます。

❽ 同様にテキストボックスを配置し「売上合計」、「合計金額」を表示させます。

> **MEMO: テキストボックスの移動**
>
> テキストボックスをクリックして、表示される枠線をドラッグして、任意の位置に配置します。

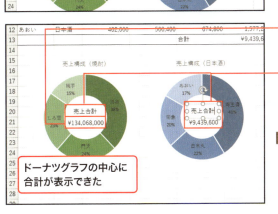

ドーナツグラフの中心に合計が表示できた

SECTION 117 折れ線グラフ

第 9 章 | 数値をひと目で伝える！ グラフのテクニック

折れ線グラフの途切れをなくす

> 何らかの理由で一部の数値データが空白のとき、その部分はグラフには表示されません。折れ線グラフの場合は、折れ線が途切れてしまいます。途切れた線は、設定によりつなぐことができます。

Before 途切れた折れ線をつなぎたい

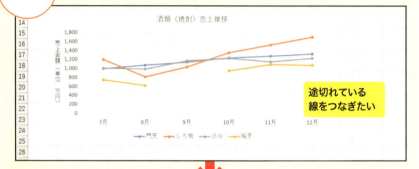

途切れている線をつなぎたい

After 途切れた線がつながった

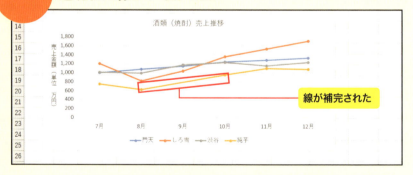

線が補完された

折れ線グラフでは、空白セルを無視して線をつなぐことができます。ただし、実際にはデータがないのにグラフではあるように見えるため、正確性に欠けることになるので注意が必要です。なお、空白セルは「0」として表示することもできます。

途切れた折れ線グラフをつなげる

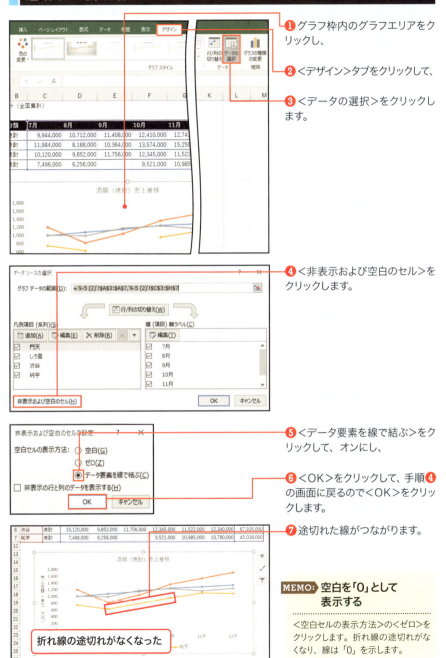

❶ グラフ枠内のグラフエリアをクリックし、

❷ <デザイン>タブをクリックして、

❸ <データの選択>をクリックします。

❹ <非表示および空白のセル>をクリックします。

❺ <データ要素を線で結ぶ>をクリックして、オンにし、

❻ <OK>をクリックして、手順❹の画面に戻るので<OK>をクリックします。

❼ 途切れた線がつながります。

MEMO: 空白を「0」として表示する

<空白セルの表示方法>の<ゼロ>をクリックします。折れ線の途切れがなくなり、線は「0」を示します。

SECTION 118 折れ線グラフ

第 9 章 | 数値をひと目で伝える！ グラフのテクニック

折れ線グラフに平均値の線を追加する

数値を比較するために平均値の線を表示したいときは、平均値を並べたデータを用意し、それをグラフ化します。ここでは、すでに作成済みの折れ線グラフに平均値の線を追加します。

Before 平均値の線を追加したい

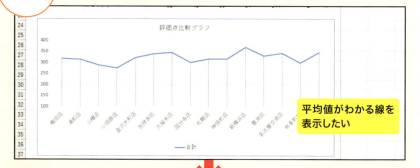

平均値がわかる線を表示したい

After 平均値の線を追加できた

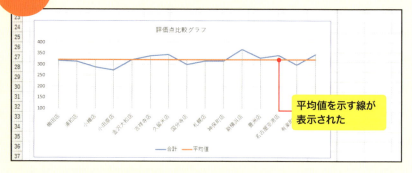

平均値を示す線が表示された

作成済みのグラフにあとから線を追加ためには、グラフのもとになるデータ範囲を変更します。データの追加は、コピーして貼り付けます。[ctrl]+[C]キー、[ctrl]+[V]キーのショートカットキーでかんたんにできます。

折れ線グラフに平均値の線を表示する

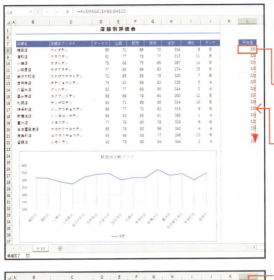

P.267を参考に、ここではセル[B7]～セル[B22]、セル[H7]～セル[H22]の範囲で折れ線グラフを作成しておきます。

❶ 平均値を計算する式(ここでは、「=AVERAGE($H$8:$H$22)」)を入力し、

❷ ドラッグしてコピーします。

❸ ＜平均値＞の項目も含めて平均値の範囲を選択し、

❹ Ctrl+Cキーを押してコピーします。

MEMO: グラフのデータ範囲を確認する

＜デザイン＞タブの＜データの選択＞をクリックします。ここに現在のグラフのデータ範囲が管理されています。

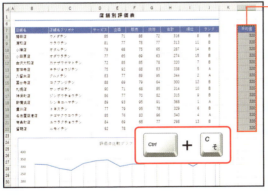

❺ グラフ枠内のグラフエリアをクリックし、

❻ Ctrl+Vキーを押して貼り付けます。

❼ コピーしたセル範囲の折れ線が表示されます。

平均値の線がグラフに追加された

SECTION 119
組み合わせグラフ

第 9 章 | 数値をひと目で伝える！ グラフのテクニック

棒と折れ線の組み合わせグラフを作成する

▶ 種類や単位の異なる数値を1つのグラフに表示したいときは、組み合わせグラフを利用します。異なる数値をそれぞれ棒グラフと折れ線グラフで表す組み合わせグラフがよく使われます。

Before 棒と折れ線のグラフにしたい

青い線の合計を棒グラフにしたい

After 棒と折れ線のグラフに変更できた

青い線が棒に変更された

組み合わせグラフは、数値ごとにグラフの種類を指定します。グラフを作成する最初の段階で細かく指定することもできますが、あとで一部を変更する方法がかんたんです。ここでは「合計」と「平均」の折れ線グラフの内、「合計」のみ棒グラフに変更します。

折れ線グラフを棒グラフに変更する

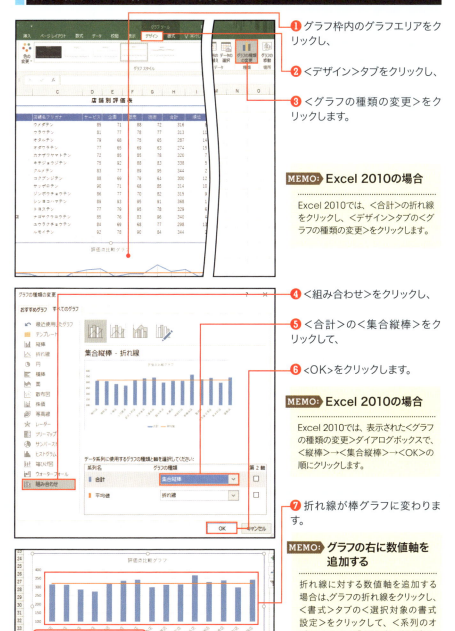

① グラフ枠内のグラフエリアをクリックし、

② <デザイン>タブをクリックし、

③ <グラフの種類の変更>をクリックします。

MEMO: Excel 2010の場合

Excel 2010では、<合計>の折れ線をクリックし、<デザイン>タブの<グラフの種類の変更>をクリックします。

④ <組み合わせ>をクリックし、

⑤ <合計>の<集合縦棒>をクリックして、

⑥ <OK>をクリックします。

MEMO: Excel 2010の場合

Excel 2010では、表示された<グラフの種類の変更>ダイアログボックスで、<縦棒>→<集合縦棒>→<OK>の順にクリックします。

⑦ 折れ線が棒グラフに変わります。

MEMO: グラフの右に数値軸を追加する

折れ線に対する数値軸を追加する場合は、グラフの折れ線をクリックし、<書式>タブの<選択対象の書式設定>をクリックして、<系列のオプション>の<第2軸(上/右側)>をクリックして、オンにします。

SECTION 120 グラフシート

第 9 章 | 数値をひと目で伝える！ グラフのテクニック

グラフだけの文書を作成する

> グラフはもとになる数値データと同じシートに作成されますが、グラフ専用のシートに作成することもできます。グラフのみを大きく表示して、印刷することができるため、項目数が多く見づらいグラフに適しています。

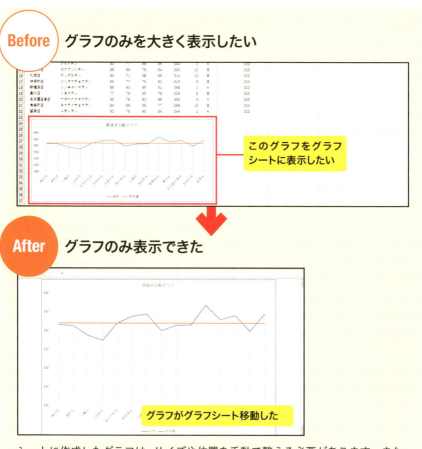

Before グラフのみを大きく表示したい

このグラフをグラフシートに表示したい

After グラフのみ表示できた

グラフがグラフシート移動した

シートに作成したグラフは、サイズや位置を手動で整える必要があります。また、シート上のグラフは列や行の影響を受けるため、列幅の変更でグラフサイズが変わり、そのたびに調整する必要があります。グラフ専用のシートなら、このような面倒な作業は不要です。常にグラフだけが画面いっぱいに表示されます。

グラフシートにグラフを表示する

❶ グラフ枠内のグラフエリアをクリックし、

❷ <デザイン>タブをクリックして、

❸ <グラフの移動>をクリックします。

❹ <新しいシート>をクリックして、オンにし、

❺ <OK>をクリックします。

MEMO: グラフシートでもグラフの編集ができる

グラフシートのグラフをクリックすると、<デザイン>タブなどが表示され、同じようにグラフを編集することができます。

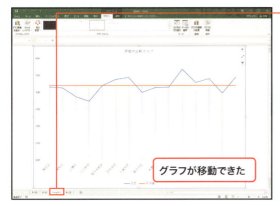

❻ グラフ専用の新しいシートに移動します。

MEMO: グラフをもとのシートに戻す

グラフシートのグラフをクリックし、<デザイン>タブの<グラフの移動>をクリックします。<グラフの移動>ダイアログボックスが表示されるので、<オブジェクト>をクリックして、オンにし、もとのシート名をクリックします。

グラフが移動できた

第9章 グラフシート

COLUMN

グラフにすれば見えてくる

グラフは、数値を色や形で視覚的に表現するものです。数値を集めたら、とりあえずグラフにしてみましょう。数字だけではわからなかったことが、グラフにすることで見えてくるかもしれません。そのためには、グラフ種類やレイアウトを変えて、いくつか作成してみましょう。

また、報告書や企画書などにグラフを使う場合は、伝えたいことが直感的にわかるものでなくてはなりません。それには、できるだけシンプルな体裁にします。あちこちに目線を移動しなくてもひと目ですぐにわかるグラフにするのがポイントです。

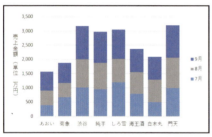

3か月分の売上を積みあげて合計を比較するグラフ。商品ごとの売上の差とおおよその割合がわかる。

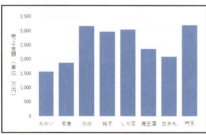

合計を比較するだけなら、合計金額のみ棒グラフにするほうがシンプルでわかりやすい。

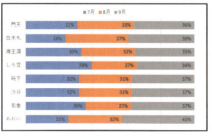

3か月の売上の割合を見るなら、100％積み上げグラフ（横棒）のほうがわかりやすい。％表示にした別表を作成してグラフにする。

第  章

図や写真で表現する！
図形・画像の
テクニック

SECTION 121 図形描画

第10章 | 図や写真で表現する！ 図形・画像のテクニック

図形を描く

 エクセルでは、シート上に自由に四角形や円などの図形を描くことができます。また、写真や図解グラフィックの挿入も可能です。これらを扱う操作は共通しています。

Before 座席表に図形を描きたい

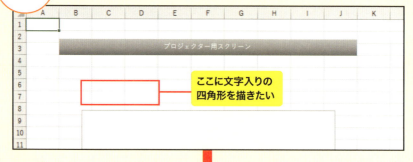

ここに文字入りの四角形を描きたい

After 図形を挿入できた

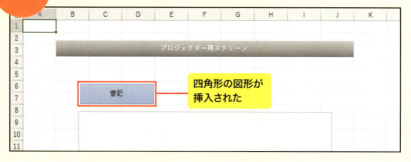

四角形の図形が挿入された

図形はドラッグ操作で描画し、サイズと位置を調整します。そのあと文字を挿入したり、色を設定したりします。色の設定は、＜図形の塗りつぶし＞、＜図形の枠線＞、＜文字の塗りつぶし＞で指定することができます。それらをひとつひとつ設定することなく＜図形のスタイル＞で一括で設定することもできます。

長方形を挿入する

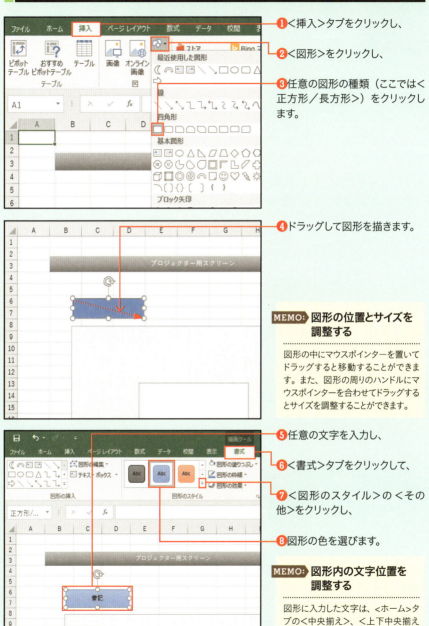

① <挿入>タブをクリックし、

② <図形>をクリックし、

③ 任意の図形の種類（ここでは<正方形/長方形>）をクリックします。

④ ドラッグして図形を描きます。

MEMO: 図形の位置とサイズを調整する

図形の中にマウスポインターを置いてドラッグすると移動することができます。また、図形の周りのハンドルにマウスポインターを合わせてドラッグするとサイズを調整することができます。

⑤ 任意の文字を入力し、

⑥ <書式>タブをクリックして、

⑦ <図形のスタイル>の<その他>をクリックし、

⑧ 図形の色を選びます。

MEMO: 図形内の文字位置を調整する

図形に入力した文字は、<ホーム>タブの<中央揃え>、<上下中央揃え>を設定することで、図形の中央に配置することができます。

SECTION 122 | 図形描画

第 10 章 | 図や写真で表現する！　図形・画像のテクニック

図形の重なり順を変更する

複数の図形を描画した場合、あとから描いた図形が前に描いた図形の上に重なります。この重なり順は変更できます。たくさんの図形を組み合わせて図を作成するときには、重なり順の指定が重要です。

Before 図形の重なり順を変更したい

After 図形の重なり順を変更できた

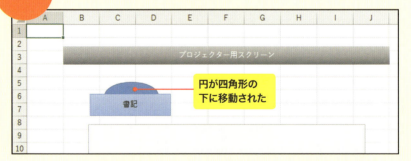

図形の重なり順を変更するには、1つの図形をクリックしたあと、＜前面へ移動＞、＜最前面へ移動＞、＜背面へ移動＞、＜最背面へ移動＞の4つの中から移動先を選びます。図形は描いた順に重なるため、重なり順を1つ前や後に移動するとき＜前面へ移動＞、＜背面へ移動＞を使います。

図形を選択して重なり順を変更する

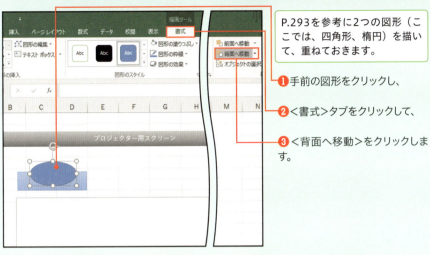

P.293を参考に2つの図形（ここでは、四角形、楕円）を描いて、重ねておきます。

❶ 手前の図形をクリックし、

❷ <書式>タブをクリックして、

❸ <背面へ移動>をクリックします。

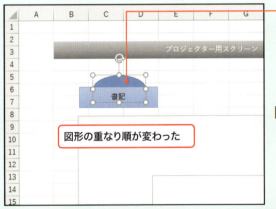

❹ 図形が奥に移動します。

MEMO: 最背面（最前面）へ移動する

<書式>タブの<背面へ移動>（<前面へ移動>）の・をクリックし、<最背面へ移動>（<最前面へ移動>）をクリックします。

COLUMN

図形の重なり順を確認する

<書式>タブの<オブジェクトの選択と表示>をクリックすると、すべての図形が一覧表示されます。ここの並び順が図形の重なりを表しています。図形を選択し▲、▼をクリックすると重なり順を変えることができます。

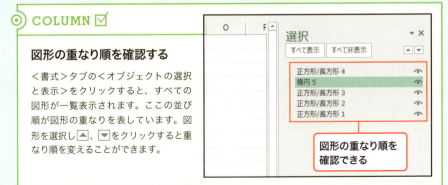

図形の重なり順を確認できる

第10章 図形描画

SECTION 123 図形描画

第10章 図や写真で表現する！ 図形・画像のテクニック

複数の図形をグループ化する

複数の図形を組み合わせて図を作っている場合、サイズや位置を決めたあと「グループ化」しておくと便利です。複数の図形を1つの図形として扱うことができるようになります。

 図形をグループにしたい

3つの図形を1つのグループにしたい

 図形をグループ化できた

グループ化された

図形は個別に移動したりサイズ変更したりしますが、グループ化した複数の図形は、1つの図形として扱うことができるようになり、移動やサイズ変更がかんたんになります。図形どうしの位置関係を保つのにも有効で、図が崩れるのを防ぐことができます。

複数の図形を選択して「グループ化」する

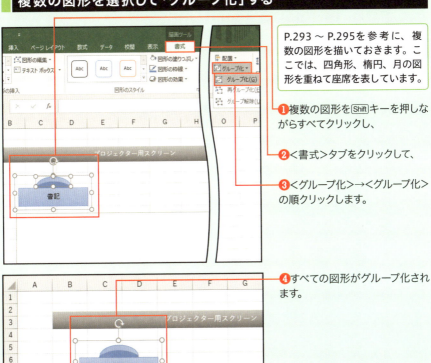

P.293 〜 P.295を参考に、複数の図形を描いておきます。ここでは、四角形、楕円、月の図形を重ねて座席を表しています。

❶ 複数の図形を Shift キーを押しながらすべてクリックし、

❷ ＜書式＞タブをクリックして、

❸ ＜グループ化＞→＜グループ化＞の順クリックします。

❹ すべての図形がグループ化されます。

図形がグループ化された

COLUMN

細かい図形を選択する

細かい図形は、クリック操作で選択するのが困難です。そのようなときは、どれか1つの図形をクリックしたあと、＜書式＞タブの＜オブジェクトの選択と表示＞をクリックし、図形の一覧を表示します。表示された一覧から任意の図形名を Ctrl キーを押しながらクリックすることで、複数を選択することができます。

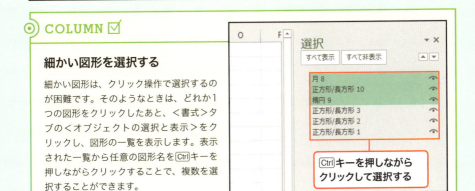

Ctrl キーを押しながらクリックして選択する

SECTION
124 図形をきれいに配置する
図形描画

第 10 章 | 図や写真で表現する！ 図形・画像のテクニック

> 複数の図形を揃えてきれいに並べるには、図形の配置を整える機能を使うのが便利です。図形の位置を水平や垂直にまっすぐ揃えたり、等間隔に並べてきれいに並べます。

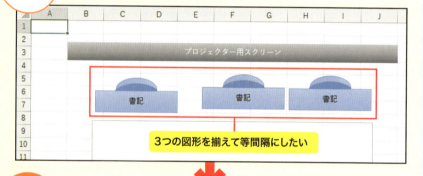

Before 複数の図形をきれいに並べたい

3つの図形を揃えて等間隔にしたい

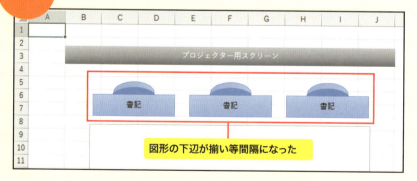

After 図形を揃えることができた

図形の下辺が揃い等間隔になった

図形を個別に移動してきれいに並べるのは困難です。「配置」機能には、図形を上下や左右、中央で揃える機能と、図形を等間隔に配置する機能があります。これらの機能を使えば、すばやく、きれいに図形を整えることができます。

図形をきれいに整列させる

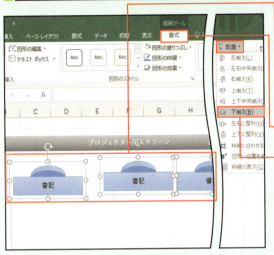

複数の図形を用意します。ここでは、P.297でグループ化した図形をコピーし、貼り付けています。

❶複数の図形を Shift キーを押しながらクリックし、

❷＜書式＞タブをクリックして、

❸＜配置＞→＜下揃え＞の順にクリックします。

MEMO: 下揃え

「下揃え」では、一番下にある図形に合わせて揃います。「上揃え」を選んだ場合は、一番上にある図形の上辺に揃います。

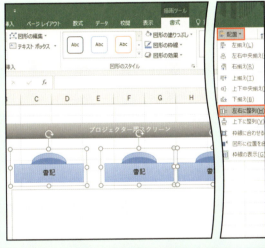

❹＜配置＞→＜左右に整列＞の順にクリックします。

MEMO: 左右に整列

「左右に整列」を実行した場合、左端、右端の図形はそのままで、その間にある図形が移動し、間隔が同じになります。「上下に整列」の場合は、上端、下端の図形が基準になります。

❺図形の下側が揃い、等間隔に並びます。

図形がきれいに並べられた

SECTION 125 図形描画

第 10 章 | 図や写真で表現する！ 図形・画像のテクニック

図形とセルをリンクして文字を表示する

図形に表示する文字列は、指定したセルとリンクさせることができます。文字が頻繁に入れ替わるような図形では、図形とセルをリンクさせておきます。そうするとセルの文字を変更するだけで、図形に表示させる文字も入れ替わります。

Before セルと図形をリンクしたい

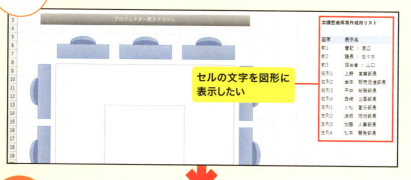

セルの文字を図形に表示したい

After セルと図形がリンクできた

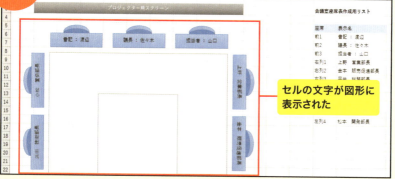

セルの文字が図形に表示された

図形に直接文字を挿入するには、図形をクリックして文字を入力しますが、誤って図形の位置やサイズを変更してしまう恐れがあります。セルと図形をリンクしておけば、図形を操作する必要がなく、図形が崩れる心配もありません。

セルとリンクした図形を作成する

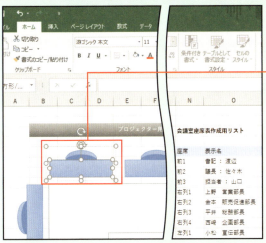

図形に表示したい文字（ここでは「会議室座席表作成用リスト」）をセルに入力ておきます。

❶ セルの文字を表示したい図形をクリックします。

MEMO: 図形がグループ化されている場合

グループ化された図形の中から1つの図形を選ぶには、2回クリックします。1回目のクリックでグループ全体が選択され、2回目のクリックでグループの中の図形が選択されます。

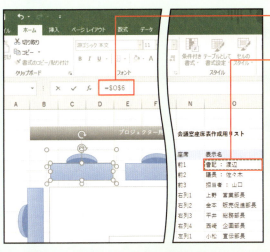

❷ 数式バーをクリックして「=」を入力し、

❸ 表示したい文字が入力されたセルをクリックして、

❹ [Enter]キーを押します。

MEMO: 必ず数式バーに入力する

図形をクリックしたあと、必ず数式バーをクリックして「=」から始まる式を入力します。数式バーのクリックを忘れた場合、「=」が図形の中に表示されます。

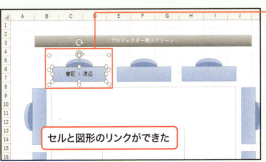

❺ セルの文字が図形に表示されます。

第10章 図形描画

SECTION 126 SmartArt

第10章 図や写真で表現する！ 図形・画像のテクニック

SmartArtで図形資料を作る

「SmartArt」は、循環する図やピラミッド図、組織図などを作図する機能です。基本的な作成方法は、多くのレイアウトの中から目的に合った種類を選び、必要な文字を入力します。

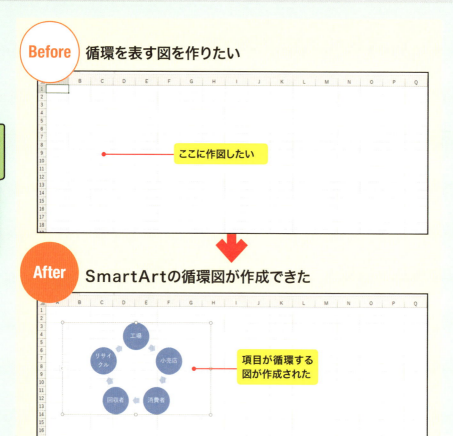

Before 循環を表す図を作りたい

ここに作図したい

After SmartArtの循環図が作成できた

項目が循環する図が作成された

「SmartArtグラフィック」で図を作成する場合、伝えたい内容に合ったレイアウトを選ぶことが大切です。それには、「リスト」や「階層構造」などの分類を選びます。ここでは、「循環」を選び、その中から、項目が循環していることを表す図を選択します。

「SmartArtグラフィック」の種類を選び文字を入力する

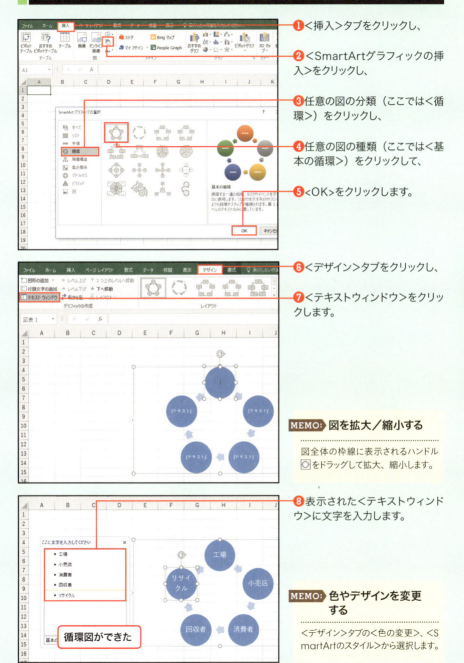

❶ <挿入>タブをクリックし、

❷ <SmartArtグラフィックの挿入>をクリックし、

❸ 任意の図の分類(ここでは<循環>)をクリックし、

❹ 任意の図の種類(ここでは<基本の循環>)をクリックして、

❺ <OK>をクリックします。

❻ <デザイン>タブをクリックし、

❼ <テキストウィンドウ>をクリックします。

MEMO: 図を拡大/縮小する

図全体の枠線に表示されるハンドル ◯ をドラッグして拡大、縮小します。

❽ 表示された<テキストウィンドウ>に文字を入力します。

MEMO: 色やデザインを変更する

<デザイン>タブの<色の変更>、<SmartArtのスタイル>から選択します。

SECTION 127 SmartArt

第 10 章 | 図や写真で表現する！ 図形・画像のテクニック

SmartArtに項目を追加する

「SmartArtグラフィック」を利用するメリットは、全体のレイアウトを崩さずに項目の追加や削除ができることです。最初に作成したSmartArtの図は項目数が決まっていますが、必要に応じて追加します。

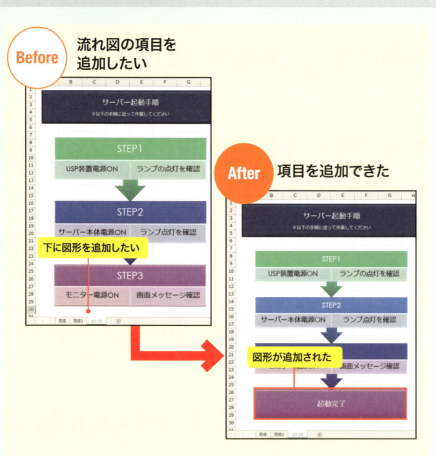

項目の追加は「図形の追加」でかんたんに行うことができます。ただし、図のレイアウトによっては、レベルの指定が必要です。見出し項目があり、その下に内容を書き込む場合、図形を追加したあと、それを見出しにするか、内容にするか「レベル上げ」、「レベル下げ」で設定します。

SmartArtに項目を追加して文字を入力する

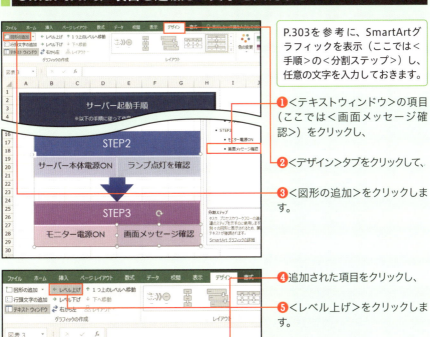

P.303を参考に、SmartArtグラフィックを表示（ここでは＜手順＞の＜分割ステップ＞）し、任意の文字を入力しておきます。

❶＜テキストウィンドウ＞の項目（ここでは＜画面メッセージ確認＞）をクリックし、

❷＜デザイン＞タブをクリックして、

❸＜図形の追加＞をクリックします。

❹追加された項目をクリックし、

❺＜レベル上げ＞をクリックします。

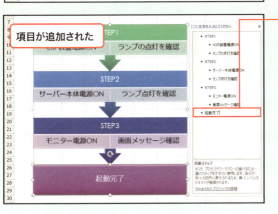

❻「STEP3」と同じレベルの図形が追加されるので、任意の文字を入力します。

第10章 図や写真で表現する！ 図形・画像のテクニック

SECTION 128 SmartArt
SmartArtでピラミッド図形を作成する

ピラミッド図形は、ピラミッドの形で上にいくほど数が少ない階層構造を表します。「SmartArtグラフィック」で作成すると、単純なピラミッド図形が表示されますが、手を加えて見た目を変えることができます。

Before ピラミッド図形に解説を加えたい

ここに文字を入力したい

After ピラミッド図形のレイアウトを変えることができた

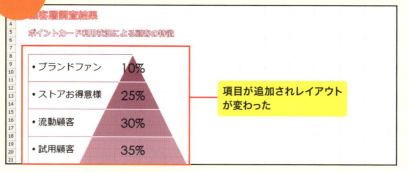

項目が追加されレイアウトが変わった

SmartArtの図の中には、項目を追加することで全体のレイアウトが変わるものがあります。ピラミッド図形では、現在の項目の下に図形を追加することで新しいレイアウトになります。また、図によっては、図形の配置を左右入れかえることもできます。このような細かい設定で使いやすいグラフィックに仕上げます。

項目を追加して図形の左右を入れ替える

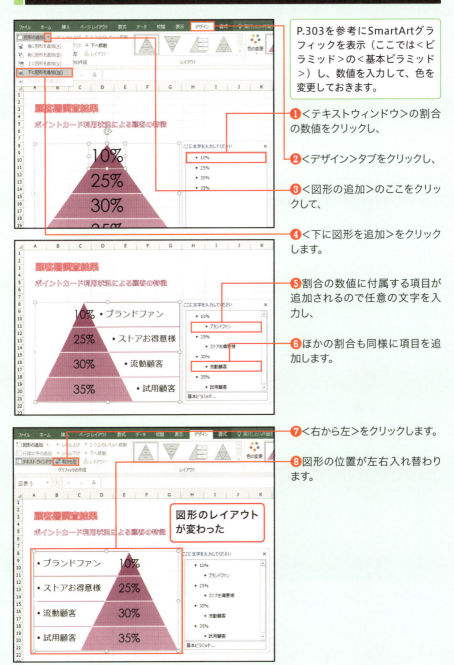

SECTION 129 写真を挿入する

第10章　図や写真で表現する！　図形・画像のテクニック

写真は、セルに関係なく挿入することができます。挿入後は、図形と同じようにサイズや位置を調整します。また、写真をあとから挿入した場合は、ほかの写真や図形の上に重なるため、必要に応じて重なり順を変更します。

Before 写真を挿入したい

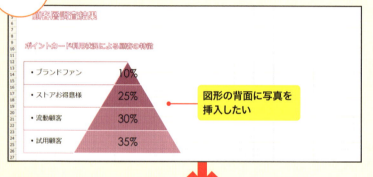

図形の背面に写真を挿入したい

After 写真を挿入できた

背面に写真が挿入された

シートに写真を挿入する場合、写真を図形の背面に置くことはできますが、セルの背面に置くことはできません。文書の背面に飾りとして写真を使う場合は、文字をテキストボックスなどの図形に入力しておく必要があります。

写真を配置する

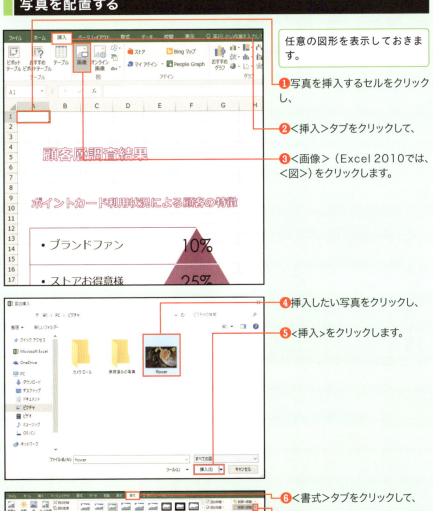

任意の図形を表示しておきます。

❶写真を挿入するセルをクリックし、

❷<挿入>タブをクリックして、

❸<画像>（Excel 2010では、<図>）をクリックします。

❹挿入したい写真をクリックし、

❺<挿入>をクリックします。

❻<書式>タブをクリックして、

❼<背面へ移動>のここをクリックし、

❽<最背面へ移動>をクリックします。

写真が図形の背面に挿入できた

第10章 写真

SECTION 130 写真

第10章 図や写真で表現する！ 図形・画像のテクニック

写真の「色」や「明るさ／コントラスト」を変更する

> 挿入した写真は、かんたんに編集することができます。全体の明るさや色を変更したり、モザイクなどのアート効果を付けることもできます。文書の飾りに写真を使う場合は、内容に合わせて編集することができます。

Before 写真の色や明るさを変更したい

写真をモノクロにして明るくしたい

After 写真の色と明るさが変わった

写真が編集された

写真を扱う専用のソフトがなくても、エクセルの機能で写真の編集ができます。挿入した写真を編集して、画像をシャープにしたり、全体の色を変えたりします。なお、写真の編集は、シートに挿入した写真に適用されるので、オリジナルの写真ファイルが変わることはありません。

写真を編集する

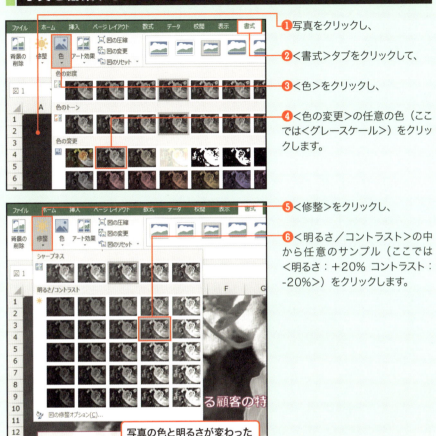

❶写真をクリックし、

❷<書式>タブをクリックして、

❸<色>をクリックし、

❹<色の変更>の任意の色（ここでは<グレースケール>）をクリックします。

❺<修整>をクリックし、

❻<明るさ／コントラスト>の中から任意のサンプル（ここでは<明るさ：＋20％ コントラスト：-20％>）をクリックします。

写真の色と明るさが変わった

◉ COLUMN ☑

写真を切り取る

写真を切り取るには、「トリミング」を行います。<書式>タブの<トリミング>をクリックすると、写真の四隅に黒色の線が表示されます。これをドラッグして写真の範囲を調整します。写真以外のセルをクリックすると、写真が切り取られます。

■をドラッグして範囲を決める

第10章 写真

第 10 章 | 図や写真で表現する！ 図形・画像のテクニック

SECTION 131 ワードアート

ワードアートで装飾文字を作成する

「ワードアート」は、装飾文字を作る機能です。3Dや影などのさまざまな効果を付けた文字を作ることができます。文書のタイトルなど目立たせたい文字を入力するときに利用します。

Before ワードアートで文字を入力したい

ここに目立つタイトル文字を入力したい

After ワードアートの文字を挿入できた

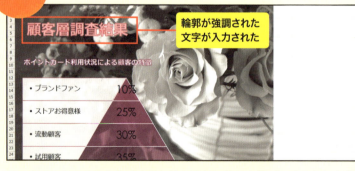

輪郭が強調された文字が入力された

ワードアートの文字を作成するには、最初に飾りを選び、そのあと文字を入力します。作成された文字は、四角形の枠の中に表示され、図形と同じように扱うことができます。なお、ワードアートで選べる飾りは、設定されている「テーマ」(P.37参照)により異なります。

ワードアートを挿入し文字を入力する

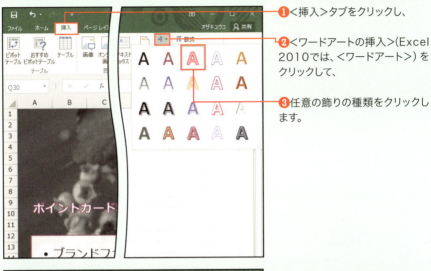

❶ <挿入>タブをクリックし、

❷ <ワードアートの挿入>(Excel 2010では、<ワードアート>)をクリックして、

❸ 任意の飾りの種類をクリックします。

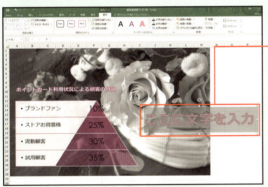

❹ 「ここに文字を入力」という図形が表示されるので、文字(ここでは「顧客層調査結果」)を入力します。

❺ 選択した飾りの文字を入力することができます。

❻ 枠線にマウスポインターを合わせてドラッグし移動します。

> **MEMO:** 文字のサイズを変更する
>
> ワードアートの枠線をクリックし、全体を選択したあと、<ホーム>タブの<フォントサイズ>で文字サイズを指定します。

COLUMN

図形や写真をあつかうのに便利なシート

エクセルのシートでは、図形や写真を思いのほか自由に操作することができます。それは、シートの大きさにあります。図形を描いたり、写真を貼り付けたりするとき、ワードやパワーポイントがよく使われますが、大きさの決まった用紙やスライドごとに作業するため、図形や写真を配置するにしても数やサイズが限られます。その点、エクセルなら広大なシートを自由に使うことができ、たくさんの図形や写真も好きなだけ配置することができます。これを利用して、図形や写真の表示、管理にエクセルを使うこともできます。ハイパーリンク機能と合わせれば、写真ファイルの管理も可能です。

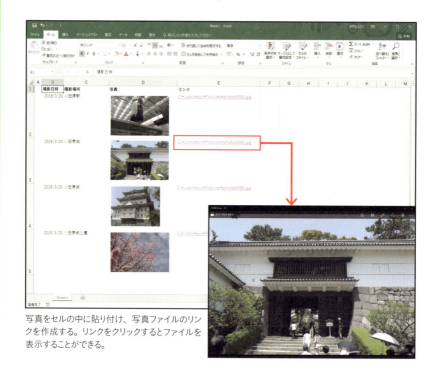

写真をセルの中に貼り付け、写真ファイルのリンクを作成する。リンクをクリックするとファイルを表示することができる。

第 11 章

作成した文書を共有する！
印刷&保存の
テクニック

SECTION 132 文書を印刷する

第 11 章 | 作成した文書を共有する！ 印刷＆保存のテクニック

印刷

> シートに作成した文書は、印刷を実行する前にまず画面でイメージを確認します。ここで用紙に収まっているかなどを確認します。実際に印刷するには、ページや部数を指定して実行します。

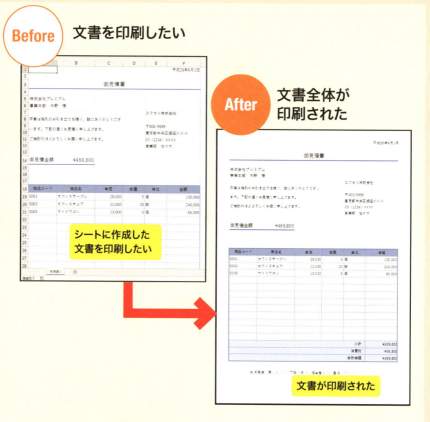

Before 文書を印刷したい

シートに作成した文書を印刷したい

After 文書全体が印刷された

文書が印刷された

エクセルでは、印刷範囲を指定しない場合、選択しているシートの左上（セル[A1]）から、入力済みのデータのすべてが印刷されます。あらかじめ用紙に収まるように作成された文書なら、印刷範囲を指定しなくても印刷することができます。

印刷イメージを確認して印刷を実行する

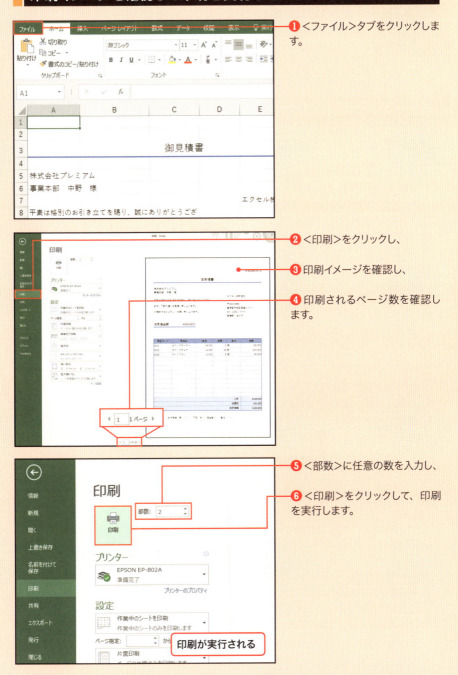

❶ <ファイル>タブをクリックします。

❷ <印刷>をクリックし、

❸ 印刷イメージを確認し、

❹ 印刷されるページ数を確認します。

❺ <部数>に任意の数を入力し、

❻ <印刷>をクリックして、印刷を実行します。

印刷が実行される

SECTION
133 必要な箇所を部分印刷する

印刷

エクセルでは、印刷の範囲を指定しない限り、セルに入力したすべてのデータが印刷の対象になります。常に特定の部分を印刷したい場合は「印刷範囲」の設定を行い、その範囲を印刷対象にすることができます。

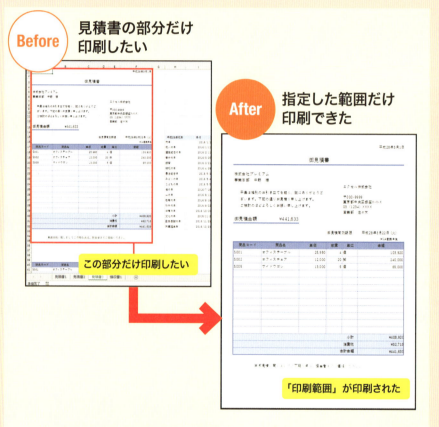

シートの特定の部分を印刷対象にするには「印刷範囲」を設定します。この設定は、文書の保存により保持されるため、次回から気にする必要はありません。なお、印刷範囲を保存する必要がない場合は、セル範囲をドラッグし、印刷時に「選択した部分を印刷」を実行する方法もあります。

印刷範囲を設定して印刷する

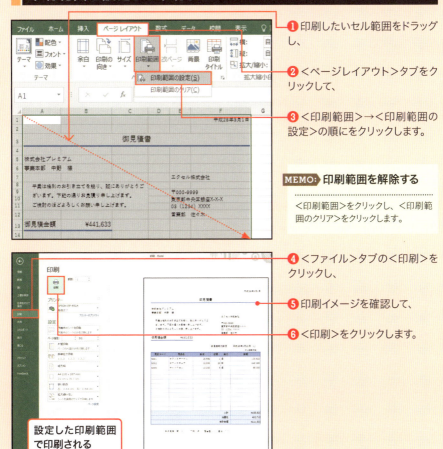

❶ 印刷したいセル範囲をドラッグし、

❷ ＜ページレイアウト＞タブをクリックして、

❸ ＜印刷範囲＞→＜印刷範囲の設定＞の順にをクリックします。

MEMO: 印刷範囲を解除する

＜印刷範囲＞をクリックし、＜印刷範囲のクリア＞をクリックします。

❹ ＜ファイル＞タブの＜印刷＞をクリックし、

❺ 印刷イメージを確認して、

❻ ＜印刷＞をクリックします。

設定した印刷範囲で印刷される

◎ COLUMN ☑

選択したセル範囲を印刷する

部分印刷をするには、印刷したいセル範囲をドラッグし、＜ファイル＞タブ→＜印刷＞に順にクリックします。印刷対象を＜選択した部分を印刷＞に設定して、印刷を実行します。

＜選択した部分を印刷＞を指定して印刷を実行する

SECTION 134 文書を用紙の中央に印刷する

印刷

エクセルの既定では、用紙の左上から印刷が行われます。文書全体を用紙の中央に印刷したい場合は、設定が必要です。用紙の幅や用紙の高さに対し、それぞれ中央の指定を行います。

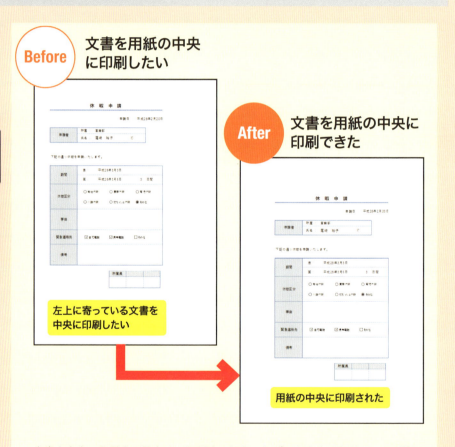

Before：文書を用紙の中央に印刷したい
左上に寄っている文書を中央に印刷したい

After：文書を用紙の中央に印刷できた
用紙の中央に印刷された

文書を中央に印刷する設定は、印刷時に行うことができます。ただし、印刷範囲に注意が必要です。範囲に余分な空白が含まれていると、結果的に中央にはなりません。文書の左や上に空白がある場合は、それを除いて「印刷範囲」を設定します。

用紙の中央に印刷されるように設定する

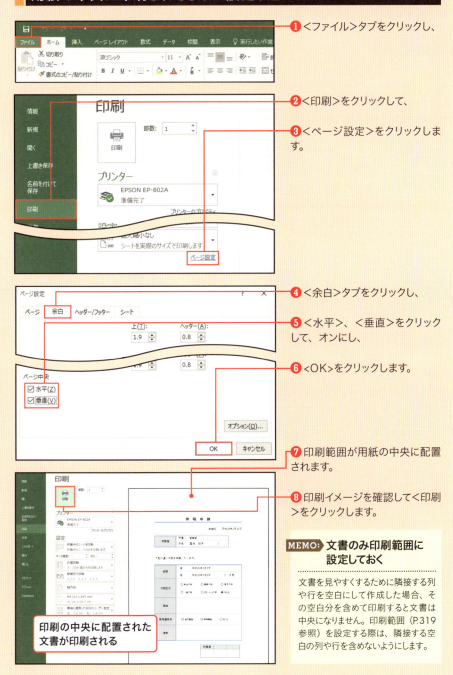

❶ <ファイル>タブをクリックし、

❷ <印刷>をクリックして、

❸ <ページ設定>をクリックします。

❹ <余白>タブをクリックし、

❺ <水平>、<垂直>をクリックして、オンにし、

❻ <OK>をクリックします。

❼ 印刷範囲が用紙の中央に配置されます。

❽ 印刷イメージを確認して<印刷>をクリックします。

MEMO: 文書のみ印刷範囲に設定しておく

文書を見やすくするために隣接する列や行を空白にして作成した場合、その空白分を含めて印刷すると文書は中央になりません。印刷範囲（P.319参照）を設定する際は、隣接する空白の列や行を含めないようにします。

SECTION 135 印刷

第 11 章 | 作成した文書を共有する！ 印刷&保存のテクニック

文書を1ページに収めて印刷する

文書を1ページに収めたい場合は、縮小印刷で対応します。縮小率は手動で設定する必要はなく、印刷するときに印刷範囲を1ページに収める設定にすると自動的に決まります。

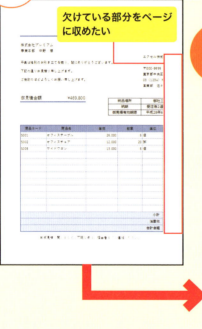

Before 文書を1ページに収めて印刷したい

欠けている部分をページに収めたい

After 文書を1ページに収めることができた

ページに収まるように縮小された

縮小印刷の設定では、印刷範囲全体を1ページに収めることができます。ただし、大きすぎる文書を無理にページに収めると文字が読みづらくなるため注意が必要です。どの程度縮小されているかは＜ページレイアウト＞タブに表示される縮小率で確認することができます。

シートを1ページに収めて印刷する

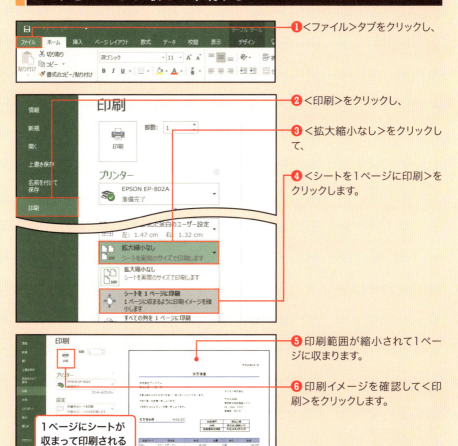

❶ <ファイル>タブをクリックし、

❷ <印刷>をクリックし、

❸ <拡大縮小なし>をクリックして、

❹ <シートを1ページに印刷>をクリックします。

❺ 印刷範囲が縮小されて1ページに収まります。

❻ 印刷イメージを確認して<印刷>をクリックします。

⊙ COLUMN ☑

<ページレイアウト>タブで設定する

1ページに収めて印刷する設定は、<ページレイアウト>タブでも指定することができます。その場合は、<横>、<縦>をそれぞれ<1ページ>に設定して、文書全体を1ページに収めます。ここでは、縮小率も確認することができます。

<横>、<縦>を<1ページ>に設定する

SECTION 136 印刷

第 11 章 | 作成した文書を共有する！ 印刷＆保存のテクニック

複数シートを一括で印刷する

通常の印刷では作業中のシートのみが印刷の対象です。複数のシートを一度に印刷するには、すべてのシートを印刷する方法と、任意のシートを選択して印刷する方法があります。

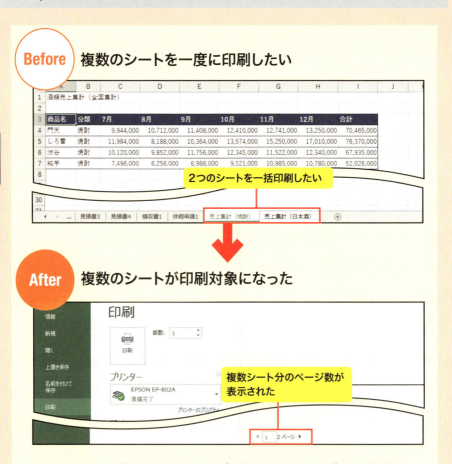

エクセルでは、選択されているシートが印刷されます。したがって、複数のシートを選択しておけば、それらを一括印刷することができます。ただし、すべてのシートを印刷する場合は、印刷時の設定を行い、ブックにあるすべてのシートを印刷することができます。

複数シートを一度に印刷をする

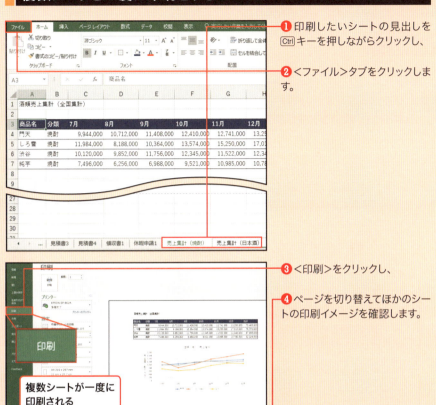

❶ 印刷したいシートの見出しを[Ctrl]キーを押しながらクリックし、

❷ <ファイル>タブをクリックします。

❸ <印刷>をクリックし、

❹ ページを切り替えてほかのシートの印刷イメージを確認します。

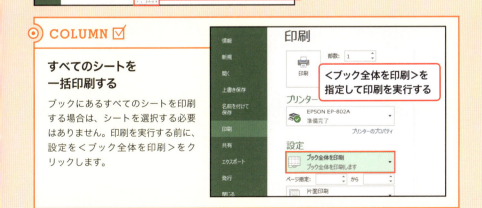

COLUMN

すべてのシートを一括印刷する

ブックにあるすべてのシートを印刷する場合は、シートを選択する必要はありません。印刷を実行する前に、設定を<ブック全体を印刷>をクリックします。

<ブック全体を印刷>を指定して印刷を実行する

SECTION 137 印刷

複数ページに表の項目を印刷する

複数ページの長い表を印刷するときは、表の先頭の項目名がすべてのページに印刷されるように「印刷タイトル」を設定します。データ件数の多い表を印刷するときには必須の設定です。

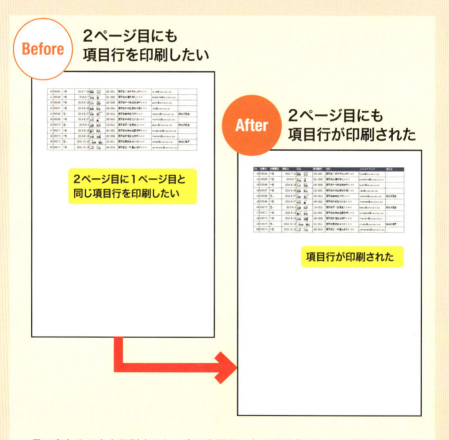

Before 2ページ目にも項目行を印刷したい

2ページ目に1ページ目と同じ項目行を印刷したい

After 2ページ目にも項目行が印刷された

項目行が印刷された

長い表をそのまま印刷すると、表の先頭行にある項目名は1ページ目のみに印刷されます。2ページ目以降も同じように項目名が印刷されていればデータが読みやすくなります。ここで設定する「印刷タイトル」は、指定した行や列を各ページに繰り返し印刷する機能です。

項目行を「印刷タイトル」として設定する

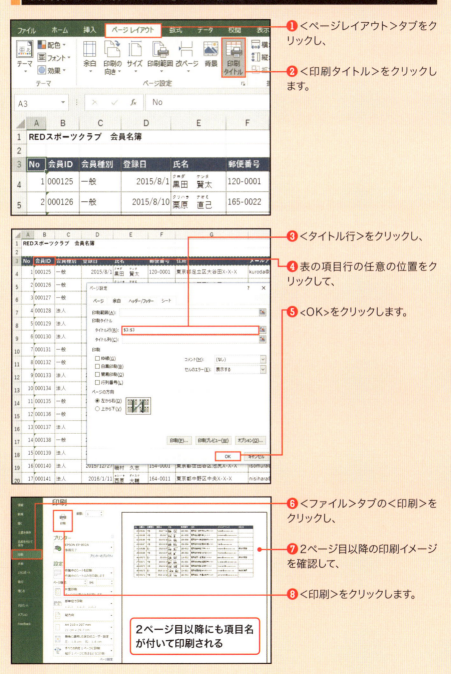

❶ <ページレイアウト>タブをクリックし、

❷ <印刷タイトル>をクリックします。

❸ <タイトル行>をクリックし、

❹ 表の項目行の任意の位置をクリックして、

❺ <OK>をクリックします。

❻ <ファイル>タブの<印刷>をクリックし、

❼ 2ページ目以降の印刷イメージを確認して、

❽ <印刷>をクリックします。

2ページ目以降にも項目名が付いて印刷される

SECTION
138
印刷

第 11 章 | 作成した文書を共有する！ 印刷＆保存のテクニック

改ページの位置を設定する

印刷範囲が複数ページになる場合、改ページは用紙サイズに合わせて自動的に行われます。区切りのよいところでページが変わるようにしたいときは、改ページ位置を手動で設定します。

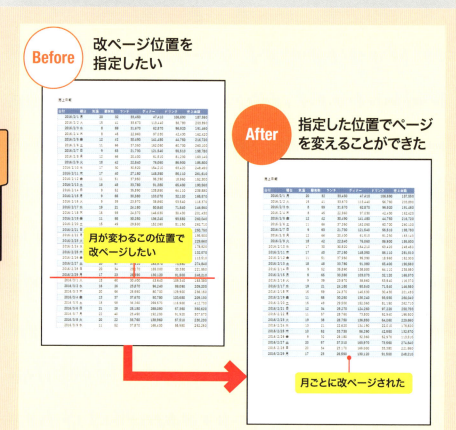

売上日報は、日々の売上金額をまとめた表です。このようにデータ件数が多い表を印刷するときは、できるだけ読みやすい体裁にします。ここでは、「改ページ」を利用して月ごとにページが変わるようにしますが、これによりデータが分類されてわかりやすくなります。

任意の位置に改ページを設定する

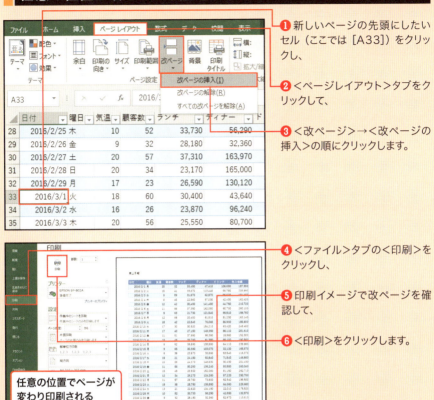

❶ 新しいページの先頭にしたいセル（ここでは［A33］）をクリックし、

❷ <ページレイアウト>タブをクリックして、

❸ <改ページ>→<改ページの挿入>の順にクリックします。

❹ <ファイル>タブの<印刷>をクリックし、

❺ 印刷イメージで改ページを確認して、

❻ <印刷>をクリックします。

任意の位置でページが変わり印刷される

COLUMN ☑

「改ページプレビュー」で改ページを確認する

<表示>タブの<改ページプレビュー>をクリックすると、画面が「改ページプレビュー」に切り替わり、印刷範囲のみ表示されます。ここで、現在の改ページ位置を確認することができます。なお、通常の表示に戻すには、<表示>タブの<標準>をクリックします。

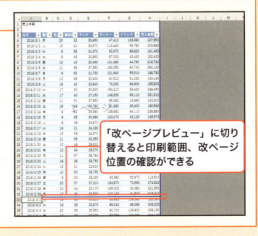

「改ページプレビュー」に切り替えると印刷範囲、改ページ位置の確認ができる

SECTION
139 コメントを付けて印刷する
印刷

第 11 章　作成した文書を共有する！　印刷&保存のテクニック

> セルにメッセージを付けることができるコメント（P.142参照）は、シートに表示するのと同じレイアウトで印刷することができます。また、コメントだけを別ページにまとめて印刷することもできます。

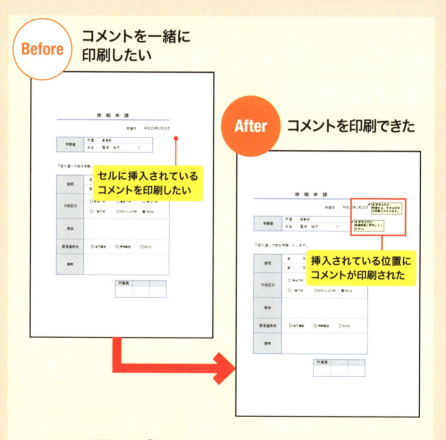

Before　コメントを一緒に印刷したい

セルに挿入されているコメントを印刷したい

After　コメントを印刷できた

挿入されている位置にコメントが印刷された

コメントの印刷設定は、「画面表示イメージ」と「シートの末尾」の2つがあります。「画面表示イメージ」で印刷するには、あらかじめシートにコメントを表示しておく必要があります。「シートの末尾」で印刷する場合は、表示の必要はありません。

コメントを表示して印刷する

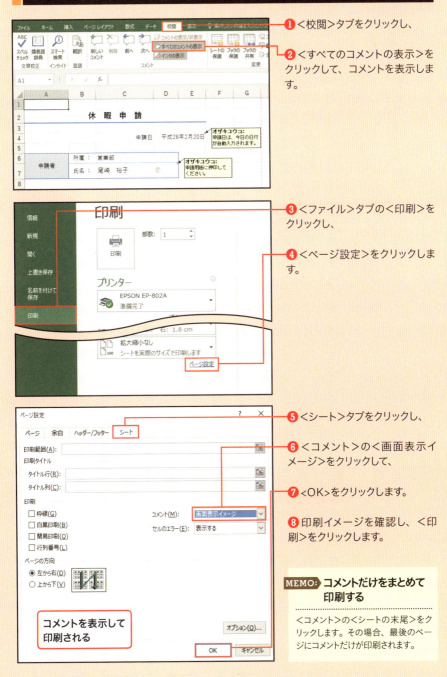

❶ <校閲>タブをクリックし、

❷ <すべてのコメントの表示>をクリックして、コメントを表示します。

❸ <ファイル>タブの<印刷>をクリックし、

❹ <ページ設定>をクリックします。

❺ <シート>タブをクリックし、

❻ <コメント>の<画面表示イメージ>をクリックして、

❼ <OK>をクリックします。

❽ 印刷イメージを確認し、<印刷>をクリックします。

MEMO: コメントだけをまとめて印刷する

<コメント>の<シートの末尾>をクリックします。その場合、最後のページにコメントだけが印刷されます。

SECTION
140 ヘッダー/フッターを印刷する
印刷

第 11 章 | 作成した文書を共有する! 印刷&保存のテクニック

すべての用紙の余白に共通の文字列を印刷したいときは、ヘッダー、フッターを利用します。日付やブック名、ページ番号などの決められた文字列をかんたんに挿入することができます。

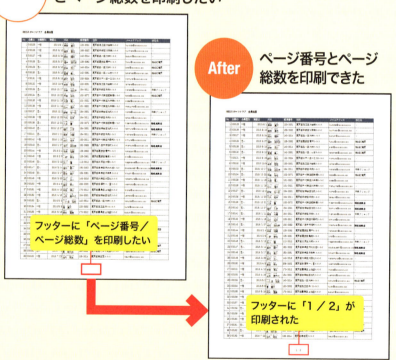

Before すべての用紙にページ番号とページ総数を印刷したい

フッターに「ページ番号/ページ総数」を印刷したい

After ページ番号とページ総数を印刷できた

フッターに「1/2」が印刷された

用紙の上部の余白が「ヘッダー」、下部の余白が「フッター」です。ヘッダーやフッターには、左、中央、右の3箇所に任意の文字や決められた文字を挿入することができます。設定時には、シートが用紙ごとに表示される「ページレイアウト」モードに切り替わります。

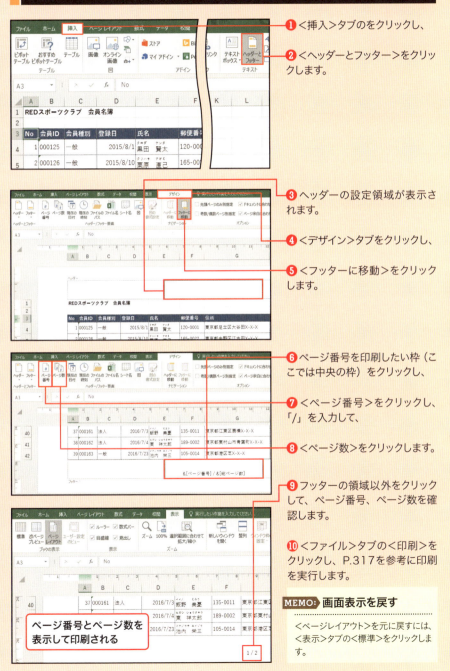

SECTION 141 保存

第11章 | 作成した文書を共有する！ 印刷&保存のテクニック

文書を保存する

> シートに作成した文書を最初に保存するときは「名前を付けて保存」を実行します。このとき、保存先のフォルダーや保存名（ファイル名）を指定する必要があります。

Before 作成した文書を「ドキュメント」フォルダーに保存したい

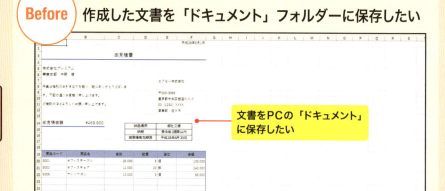

文書をPCの「ドキュメント」に保存したい

After 文書を「ドキュメント」フォルダーに保存できた

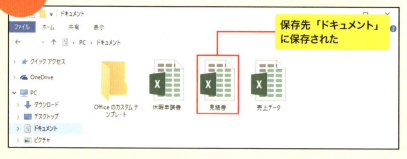

保存先「ドキュメント」に保存された

＜名前を付けて保存＞をクリックすると、既定の保存先が表示されます。Excel 2016、2013の既定の保存先は、「OneDrive」に設定されているため、そのままの状態ではインターネット上に保存されてしまうので注意しましょう。

保存先とファイル名を指定して保存する

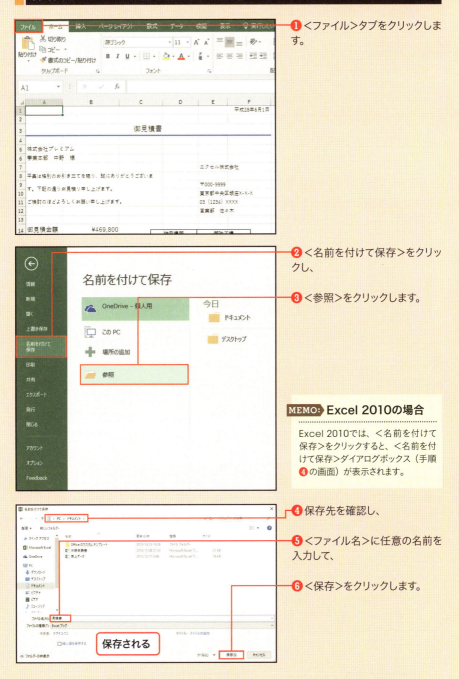

❶ <ファイル>タブをクリックします。

❷ <名前を付けて保存>をクリックし、

❸ <参照>をクリックします。

MEMO: Excel 2010の場合

Excel 2010では、<名前を付けて保存>をクリックすると、<名前を付けて保存>ダイアログボックス（手順❹の画面）が表示されます。

❹ 保存先を確認し、

❺ <ファイル名>に任意の名前を入力して、

❻ <保存>をクリックします。

SECTION 142 既定の保存先を変更する

第11章 | 作成した文書を共有する！ 印刷&保存のテクニック

保存

エクセルの既定の保存先は、変更できます。保存先がコンピューター内の特定のフォルダーに決まっている場合は、そのフォルダーを既定の保存先に設定します。文書の保存操作がかんたんになります。

Before 既定の保存先を変更したい

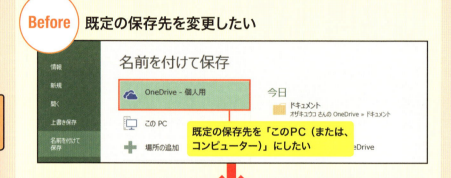

既定の保存先を「このPC（または、コンピューター）」にしたい

After 既定の保存先を変更できた

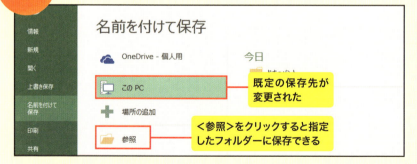

既定の保存先が変更された

＜参照＞をクリックすると指定したフォルダーに保存できる

＜名前を付けて保存＞画面を開くと、Excel 2016、Excel 2013では、保存先としてインターネット上の「One Drive」が選択されています。そのためコンピューター内のフォルダーに保存するには、毎回、＜このPC（または、＜コンピューター＞）＞とフォルダーを指定しなくてはなりません。既定の保存先を＜エクセルのオプション＞ダイアログボックスで指定しておけば、常に＜このPC＞が選択され、さらに＜参照＞をクリックしたとき自動的に指定したフォルダーに移動します。

ファイルの保存先を指定する

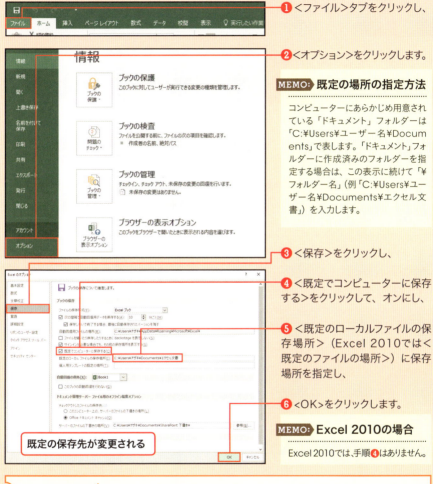

❶ <ファイル>タブをクリックし、

❷ <オプション>をクリックします。

> **MEMO: 既定の場所の指定方法**
>
> コンピューターにあらかじめ用意されている「ドキュメント」フォルダーは「C:¥Users¥ユーザー名¥Documents」で表します。「ドキュメント」フォルダーに作成済みのフォルダーを指定する場合は、この表示に続けて「¥フォルダー名」（例「C:¥Users¥ユーザー名¥Documents¥エクセル文書」）を入力します。

❸ <保存>をクリックし、

❹ <既定でコンピューターに保存する>をクリックして、オンにし、

❺ <既定のローカルファイルの保存場所>（Excel 2010では<既定のファイルの場所>）に保存場所を指定し、

❻ <OK>をクリックします。

> **MEMO: Excel 2010の場合**
>
> Excel 2010では、手順❹はありません。

既定の保存先が変更される

COLUMN

既定の保存先を確認する

<名前を付けて保存>ダイアログボックスを表示して、指定したフォルダーを開きます。なお、<名前を付けて保存>ダイアログボックスは、<ファイル>タブの<名前を付けて保存>をクリックしたあと、Excel 2016、2013では<参照>をクリックします。Excel 2010では、P.335のMEMOを参考に表示します。

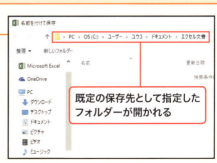

既定の保存先として指定したフォルダーが開かれる

SECTION 143 保存

第 11 章 | 作成した文書を共有する！ 印刷＆保存のテクニック

文書をテンプレートとして保存する

「テンプレート」とは、文書のひな型のことです。内容を変更して何度も利用したい文書は「テンプレート」として保存します。通常のエクセルのブックとは、保存方法も開き方も異なります。

Before 作成した文書を「テンプレート」として保存したい

この文書を「テンプレート」として保存したい

After 個人用テンプレートとして保存できた

テンプレートとして保存された

同じ文書を利用するとき、前回使った文書を開き、内容を変更して、別の名前で保存する、という操作を行うことがあります。しかし、この方法では誤って新たな内容で上書き保存してしまうことがあります。テンプレートとして保存すれば、新規文書として扱うことができ、こうした誤操作を防ぐことができます。

「Excelテンプレート」にして保存する

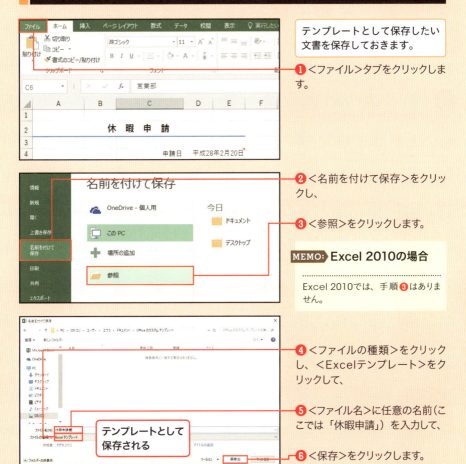

テンプレートとして保存したい文書を保存しておきます。

❶ <ファイル>タブをクリックします。

❷ <名前を付けて保存>をクリックし、

❸ <参照>をクリックします。

MEMO: Excel 2010の場合

Excel 2010では、手順❸はありません。

❹ <ファイルの種類>をクリックし、<Excelテンプレート>をクリックして、

❺ <ファイル名>に任意の名前(ここでは「休暇申請」)を入力して、

テンプレートとして保存される

❻ <保存>をクリックします。

COLUMN

テンプレートを開く

Excelの起動画面、または、<ファイル>タブの<新規>をクリックしたときに表示される画面で<個人用>をクリックすると、保存したテンプレートを選択することができます。

「個人用」をクリックするとテンプレートが表示される

SECTION 144 保存

第 11 章 | 作成した文書を共有する！ 印刷＆保存のテクニック

文書に含まれる情報をチェックする

文書を保存すると、シート上の目に見えるデータだけでなく、個人情報や非表示のデータなどが記録されます。文書をほかの人と共有する場合、とくに不特定多数の人に公開する場合は、不要な情報をチェックし、削除します。

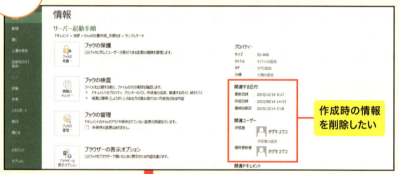

Before 作成日付や作成者の情報を削除したい

After 情報を削除できた

文書を保存すると、作成日時や作成者名などの情報がいっしょに保存されます。そのままメールで送ったり、公開した場合、作成者情報から個人名や組織名が明らかになる可能性があります。このような情報を公開したくないときは、＜ドキュメント検査＞を実行し、文書に含まれている情報を確認したあと、不要なものを削除します。

文書に含まれる不要な情報を削除する

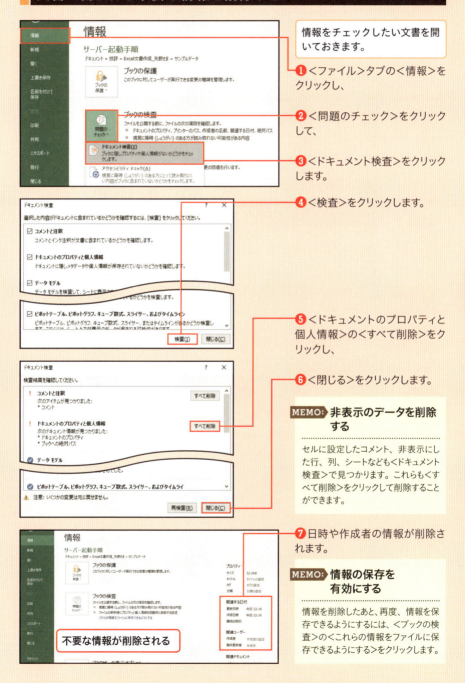

情報をチェックしたい文書を開いておきます。

❶ <ファイル>タブの<情報>をクリックし、

❷ <問題のチェック>をクリックして、

❸ <ドキュメント検査>をクリックします。

❹ <検査>をクリックします。

❺ <ドキュメントのプロパティと個人情報>の<すべて削除>をクリックし、

❻ <閉じる>をクリックします。

MEMO: 非表示のデータを削除する

セルに設定したコメント、非表示にした行、列、シートなども<ドキュメント検査>で見つかります。これらも<すべて削除>をクリックして削除することができます。

❼ 日時や作成者の情報が削除されます。

MEMO: 情報の保存を有効にする

情報を削除したあと、再度、情報を保存できるようにするには、<ブックの検査>の<これらの情報をファイルに保存できるようにする>をクリックします。

第11章 保存

SECTION 145 保存

第 11 章 ｜ 作成した文書を共有する！ 印刷＆保存のテクニック

文書を読み取り専用にする

文書を開いたとき、タイトルに「読み取り専用」と表示されるのが読み取り専用ファイルです。このファイルを編集することはできますが、上書き保存をすることはできません。

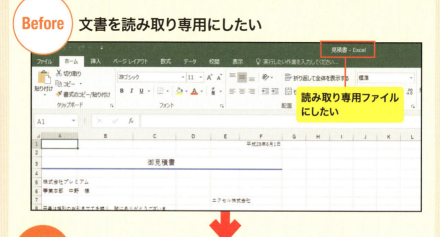

Before 文書を読み取り専用にしたい

読み取り専用ファイルにしたい

After 読み取り専用ファイルにできた

「読み取り専用」と表示された

文書を完全に「読み取り専用」ファイルにするには、ファイルのプロパティ（詳細な設定）を変更します。この方法で保存した文書は、「読み取り専用」でしか開くことができません。上書き保存をすることができないため、文書の変更を防ぐことができます。

ファイルを「読み取り専用」に設定する

読み取り専用にしたい文書を保存しておきます。

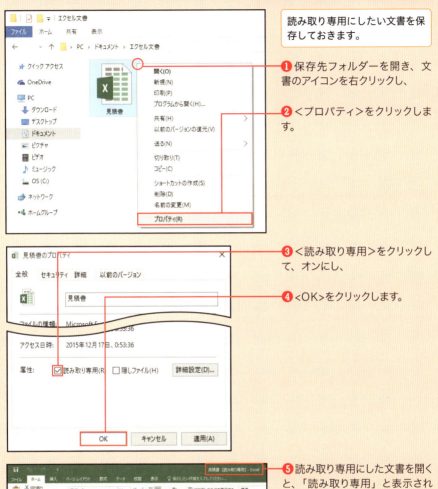

❶ 保存先フォルダーを開き、文書のアイコンを右クリックし、

❷ <プロパティ>をクリックします。

❸ <読み取り専用>をクリックして、オンにし、

❹ <OK>をクリックします。

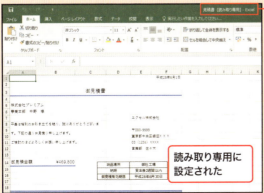

読み取り専用に設定された

❺ 読み取り専用にした文書を開くと、「読み取り専用」と表示されます。

MEMO: 読み取り専用を解除する

手順❸の画面で、<読み取り専用>をクリックして、オフにします。

SECTION 146 保存

第11章 作成した文書を共有する！ 印刷&保存のテクニック

文書をPDFファイルに変換する

作成した文書は、エクセルの機能でPDFファイルとして保存することができます。PDFファイルは、かんたんに編集できないため、ほかの人と共有するときによく利用されます。

Before 文書をPDFファイルにしたい

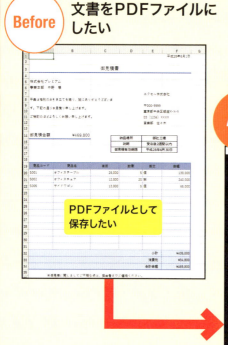

PDFファイルとして保存したい

After 文書をPDFファイルとして保存できた

PDFファイルとして表示された

PDFファイルは、印刷のイメージそのままで保存されるファイルです。通常、エクセルで作成した文書は、エクセルがインストールされているパソコンでしか開くことができませんが、PDFファイルなら環境を選びません。

ファイルの種類を「PDF」にして保存する

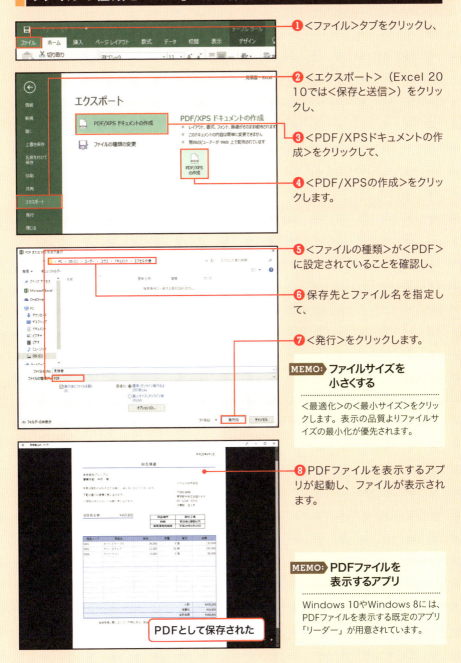

❶ <ファイル>タブをクリックし、

❷ <エクスポート>（Excel 2010では<保存と送信>）をクリックし、

❸ <PDF/XPSドキュメントの作成>をクリックして、

❹ <PDF/XPSの作成>をクリックします。

❺ <ファイルの種類>が<PDF>に設定されていることを確認し、

❻ 保存先とファイル名を指定して、

❼ <発行>をクリックします。

MEMO: ファイルサイズを小さくする

<最適化>の<最小サイズ>をクリックします。表示の品質よりファイルサイズの最小化が優先されます。

❽ PDFファイルを表示するアプリが起動し、ファイルが表示されます。

MEMO: PDFファイルを表示するアプリ

Windows 10やWindows 8には、PDFファイルを表示する既定のアプリ「リーダー」が用意されています。

ショートカットキー一覧

絶対覚えておきたい！ショートカットキー

キー	内容
Ctrl + C	セルの内容をコピーする
Ctrl + V	コピーした内容を貼り付ける
Ctrl + A	入力済のセルで表全体（連続して入力されているセル範囲）を選択する 表以外ではシート全体を選択する
Ctrl + Z	直前の操作を取り消して元に戻す
Ctrl + ←→↑↓	データ範囲の先頭、または末尾に移動する
Ctrl + Shift + ←→↑↓	データ範囲の先頭、または末尾まで選択する
Ctrl + 1	＜セルの書式設定＞ダイアログボックスを表示する

移動・範囲選択に便利なショートカットキー

キー	内容
Tab	右に移動する
Shift + Tab	左に移動する
PageDown	シート内で1画面下に移動する
PageUp	シート内で1画面上に移動する
Alt + PageDown	シート内で1画面右に移動する
Alt + PageUp	シート内で1画面左に移動する
Ctrl + PageDown	ブック内で次（右）のシートに移動する
Ctrl + PageUp	ブック内で前（左）のシートに移動する
Home	現在の行の最初のセルに移動する
Ctrl + Home	セル[A1]に移動する
Ctrl + End	データが入力された最後のセルに移動する
Shift + ←→↑↓	矢印の方向に1つずつセル範囲を拡張する
Ctrl + Space	セル範囲を列全体に拡張する
Ctrl + Shift + End	データが入力された最後のセルまでセル範囲を拡張する

入力時に便利なショートカットキー

キー	内容
Ctrl + D	上のセルと同じ内容を入力する
Ctrl + R	左のセルと同じ内容を入力する
Ctrl + Enter	複数の選択したセルに同じ内容を入力する
Ctrl + :	現在の時刻を入力する
Ctrl + ;	今日の日付を入力する
Ctrl + +	＜セルの挿入＞ダイアログボックスを表示する 行または列を選択したあとは、行または列を挿入する
Ctrl + -	＜削除＞ダイアログボックスを表示する 行または列を選択したあとは、行または列を削除する
F2	セル内にカーソルを表示して編集状態にする
Alt + Enter	セル内で改行する
Alt + Shift + =	SUM関数を入力する
F4	数式のセル参照を絶対参照／相対参照に切り替える

SHORTCUT KEY

書式を設定する ショートカットキー

キー	内容
Ctrl + B	フォントを太字にする／解除する
Ctrl + I	フォントを斜体にする／解除する
Ctrl + U	フォントに下線を設定する／解除する
Ctrl + 5	フォントに取り消し線を設定する／解除する
Ctrl + Shift + 1	数値に＜桁区切りスタイル＞の表示形式を設定する
Ctrl + Shift + 3	日付の表示形式（yyyy/m/d）を設定する
Ctrl + Shift + 4	数値に＜通貨＞の表示形式を設定する
Ctrl + Shift + 5	数値に＜パーセンテージ＞の表示形式を設定する
Ctrl + Shift + 6	セルに外枠罫線を設定する
Ctrl + Shift + _	セルに設定された外枠罫線を削除する
Ctrl + Shift + ^	表示形式を＜標準＞に設定する

図形操作に便利な ショートカットキー

キー	内容
Shift + 図形描画（ドラッグ）	Shift+ドラッグ操作で図形を描いた場合、正方形や円、正多角形が描ける
Ctrl + 図形描画（ドラッグ）	Ctrl+ドラッグ操作で図形を描いた場合、図形の中心点が起点になる
Shift + 移動（ドラッグ）	図形をShiftキーを押しながらドラッグすると、水平、または垂直に移動する
Ctrl + 移動（ドラッグ）	図形をCtrlキーを押しながらドラッグすると、図形がコピーできる
Alt + 移動（ドラッグ）	図形をAltキーを押しながらドラッグすると、セルの枠線に図形がくっつく

機能を呼び出す／実行する ショートカットキー

キー	内容
Ctrl + O	＜ファイル＞タブの＜開く＞を表示する
Ctrl + N	新規ブックを開く
Ctrl + S	上書き保存を実行する
F12	＜名前を付けて保存＞ダイアログボックスを表示する
Ctrl + W	ブックを閉じる
Ctrl + P	＜ファイル＞タブの＜印刷＞を表示する
Ctrl + F	＜検索と置換＞ダイアログボックスの＜検索＞タブを表示する
Ctrl + H	＜検索と置換＞ダイアログボックスの＜置換＞タブを表示する
Ctrl + T	＜テーブルの作成＞ダイアログボックスを表示する
Shift + F2	セルにコメントを挿入／編集する
Ctrl + K	＜ハイパーリンクの挿入＞ダイアログボックスを表示する
Ctrl + E	＜フラッシュフィル＞を実行する
Shift + F11	新しいシートを挿入する
Ctrl + 9	選択した行を非表示にする
Ctrl + 0	選択した列を非表示にする
Ctrl + Alt + V	＜形式を選択して貼り付け＞ダイアログボックスを表示する
Alt + F1	選択した範囲のグラフを作成する
F7	スペルチェックを実行する
F9	すべてのシートを再計算する

シートの既定値を変更する

エクセルの新規ブックを開いたときのシートの数、フォント、フォントサイズは、あらかじめ「Excelのオプション」で決められています。いつも使用するシート数やフォントが決まっている場合は、「Excelのオプション」を変更しておくと便利です。

既定のフォントを変更する

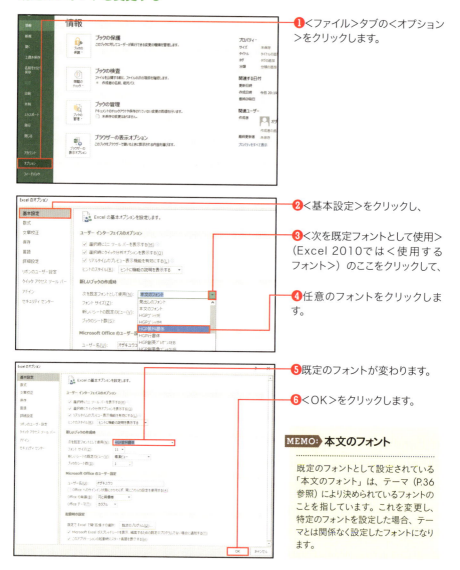

❶＜ファイル＞タブの＜オプション＞をクリックします。

❷＜基本設定＞をクリックし、

❸＜次を既定フォントとして使用＞（Excel 2010では＜使用するフォント＞）のここをクリックして、

❹任意のフォントをクリックします。

❺既定のフォントが変わります。

❻＜OK＞をクリックします。

MEMO: 本文のフォント

既定のフォントとして設定されている「本文のフォント」は、テーマ（P.36参照）により決められているフォントのことを指しています。これを変更し、特定のフォントを設定した場合、テーマとは関係なく設定したフォントになります。

よく使うボタンをまとめる

「クイックアクセスツールバー」には、＜上書き保存＞、＜元に戻す＞、＜やり直し＞のアイコンが表示されていますが、ほかにも機能を追加することができます。クイックアクセスツールバーの機能は、タブを切り替えなくてもすぐに機能を利用することができるので、頻繁に使う機能を追加しておくとよいでしょう。

タブにある機能をクイックアクセスツールバーに追加する

❶ 追加したい機能（ここでは＜新しいコメント＞）を右クリックし、

❷ ＜クイックアクセスツールバーに追加＞をクリックします。

❸ 追加した機能のアイコンがクイックアクセスツールバーに追加されます。

> **MEMO: アイコンを削除する**
>
> クイックアクセスツールバーのアイコンを右クリックし、＜クイックアクセスツールバーから削除＞をクリックします。

◉ COLUMN ☑

既定のボタンの表示を変更する

クイックアクセスツールバーにあらかじめ表示されている＜上書き保存＞などのアイコンは、表示・非表示を切り替えることができます。アイコンの表示・非表示は、＜クイックアクセスツールバーのユーザー設定＞をクリックし、チェックマークの有無で切り替えます。ここでは、新しいブックを開く＜新規作成＞や印刷を実行する＜クイック印刷＞などのアイコンも表示することができます。

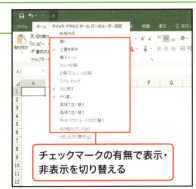

チェックマークの有無で表示・非表示を切り替える

索引

数字・英字

3D集計	222
ASC関数	205
COUNTA関数	195
COUNTIF関数	243
COUNT関数	195
DATEDIF関数	193
IFERROR関数	185
IF関数	199
IME	152
NOW関数	191
PDF/XPSの作成	345
PHONETIC関数	203
RANK.EQ関数	197
ROUNDDOWN関数	179
SmartArt	302, 304, 306
SUM関数	177
TODAY関数	191
VLOOKUP関数	180, 182, 184, 200
WEEKDAY関数	241
WORKDAY関数	189

あ

アイコンセット	232, 238
明るさ／コントラスト	311
新しいウィンドウを開く	214
新しいコメント	143
新しいシート	209
一括入力	64
印刷イメージ	317
印刷タイトル	326
インデントを増やす	104, 107
インデントを減らす	104
ウィンドウ枠の固定	88
エラーメッセージ	150, 163
エラーを無視する	69
大字	118
オートSUM	174, 194, 223
オートコンプリート	82
オートフィル	60, 71, 76, 81, 170
オプションボタン	156, 160
折り返して全体を表示する	41

か

会計	106
改ページ	328
改ページプレビュー	329
下位ルール	236
箇条書き	70
画面表示イメージ	330
カレンダーの種類	114
関数	176
漢数字	118
ガントチャート	125, 132
記号と特殊文字	73
行頭番号	70
均等割り付け	44, 102
クイックレイアウト	268
空白セルの表示方法	283
串刺し集計	222
組み合わせグラフ	286
グラフエリア	267
グラフシート	289
グラフタイトル	267
グラフの種類の変更	279, 287
グラフのスタイル	269
グループ化	296
罫線の削除	52
罫線の作成	131
桁区切り(,)を使用する	113
結合	38, 40, 130
降順	259, 261, 277
構造化参照	248
コメント	142, 330

さ

最前面へ移動	294
最背面へ移動	294, 309
再表示	213
作業グループ	216
作業中のブックのウィンドウを整列する	215
左右に並べて表示	215
シートの移動またはコピー	219
シートの保護	128, 162
シートの末尾	330
シート保護の解除	129
シートを1ページに印刷	323
軸のオプション	272
軸の書式設定	272
軸ラベル	270, 273
集計行	262
住所に変換	75
上位ルール	236

INDEX

上下中央揃え ……………………………100
条件付き書式
　… 132, 230, 232, 234, 236, 238, 240, 242, 244
条件付き書式ルールの管理 ………………238
昇順 ……………………………………259, 261
小数点以下の表示桁数を増やす …………108
小数点以下の表示桁数を減らす …………108
シリアル値 ………………………………186
数値の書式 ………………………………107
数値フィルター …………………… 254, 256
スタイル …………………………………150
すべてのコメントの表示 …………………145
絶対参照 …………………………………183
セルの強調表示ルール …………… 235, 245
セルのスタイル ……………………………98
セルのロック ……………………… 129, 163
セルを結合して中央揃え ………… 131, 137
選択した部分を印刷 ……………………319
選択対象の書式設定 ……………… 275, 279
先頭行の固定 ………………………………89
線のスタイル ………………………………48
前面へ移動 ………………………………294
相対参照 …………………………………183

た
チェックボックス ……………… 156, 157, 158, 159
中央揃え …………………………………130
重複の削除 …………………………………90
通貨 ………………………………………106
データの入力規則 ……… 146, 148, 150, 152, 154
データバー ………………………………230
データ要素で線を結ぶ …………………283
テーブル ……………………… 246, 248, 250, 262
テーブルスタイル ………………………247
テーマ ………………………………… 36, 96
テキストウィンドウ ……………… 303, 307
テキストボックス …………………………54
テンプレート ……………………………338
統合 ………………………………………224
ドキュメント検査 ………………………340
トップテン ………………………………256
トリミング ………………………………311

な
名前を付けて保存 ………………… 334, 336
並べ替えとフィルター …………… 258, 277
日本語入力 ………………………………152

入力時メッセージ ………………………146
塗りつぶし効果 ……………………………97

は
配置 ………………………………………298
配置図 ……………………………… 125, 134
ハイパーリンク …………………………227
ハイパーリンクの削除 ……………………84
背面へ移動 ………………………… 294, 309
非表示 ……………………………… 121, 213
非表示および空白のセル ………………283
フィルター ………………………………252
フォームコントロール …………………159
ブック全体を印刷 ………………………325
ブックの検査 ……………………………341
ブックの保護 ……………………………164
フッター …………………………………332
フラッシュフィル …………………………78
フリガナ …………………………… 86, 202
平均値 ……………………………………285
ページ番号 ………………………………332
ヘッダー …………………………………332

ま
文字列 ………………………………… 68, 70
文字列の折り返し …………………………41
問題のチェック …………………………341

や
ユーザー設定リスト ………………………80
郵便番号辞書 ………………………………74
要素の間隔 ………………………………275
読み取り専用 ……………………………342

ら
リボンのユーザー設定 …………………157
リンク貼り付け …………………………221
列の幅の自動調整 …………………………46
レベル上げ ………………………………304
レベル下げ ………………………………304
連番 …………………………………………76

わ
ワードアートの挿入 ……………………313
和暦 ………………………………………114

お問い合わせについて

本書に関するご質問については、本書に記載されている内容に関するもののみとさせていただきます。本書の内容と関係のないご質問につきましては、一切お答えできませんので、あらかじめご了承ください。また、電話でのご質問は受け付けておりませんので、必ずFAXか書面にて下記までお送りください。
なお、ご質問の際には、必ず以下の項目を明記していただきますよう、お願いいたします。

① お名前
② 返信先の住所またはFAX番号
③ 書名（今すぐ使えるかんたんEx　Excel 文書作成［決定版］プロ技セレクション［Excel 2016/2013/2010 対応版］）
④ 本書の該当ページ
⑤ ご使用のOSとソフトウェアのバージョン
⑥ ご質問内容

なお、お送りいただいたご質問には、できる限り迅速にお答えできるよう努力いたしておりますが、場合によってはお答えするまでに時間がかかることがあります。また、回答の期日をご指定なさっても、ご希望にお応えできるとは限りません。あらかじめご了承くださいますよう、お願いいたします。

問い合わせ先

〒162-0846
東京都新宿区市谷左内町21-13
株式会社技術評論社　書籍編集部
「今すぐ使えるかんたんEx　Excel 文書作成［決定版］プロ技セレクション［Excel 2016/2013/2010 対応版］」質問係
FAX番号　03-3513-6167　URL：http://book.gihyo.jp

お問い合わせの例

FAX

① お名前
　技術　太郎
② 返信先の住所またはFAX番号
　03-××××-××××
③ 書名
　今すぐ使えるかんたんEx　Excel 文書作成［決定版］プロ技セレクション［Excel 2016/2013/2010 対応版］
④ 本書の該当ページ
　247ページ
⑤ ご使用のOSとソフトウェアのバージョン
　Windows 10
　Excel 2016
⑥ ご質問内容
　手順4の通りに表示されない

※ご質問の際に記載いただきました個人情報は、回答後速やかに破棄させていただきます。

今すぐ使えるかんたんEx
Excel 文書作成［決定版］プロ技セレクション
［Excel 2016/2013/2010対応版］

2016年5月25日　初版　第1刷発行

著者	尾崎　裕子
発行者	片岡　巌
発行所	株式会社 技術評論社
	東京都新宿区市谷左内町21-13
	電話　03-3513-6150　販売促進部
	03-3513-6160　書籍編集部
装丁デザイン	神永　愛子（primary inc.,）
カバーイラスト	小川　智矢
本文デザイン	菊池　祐（ライラック）
編集／DTP	株式会社タトラエディット
担当	矢野　智之
製本／印刷	日経印刷株式会社

定価はカバーに表示してあります。

落丁・乱丁がございましたら、弊社販売促進部までお送りください。交換いたします。
本書の一部または全部を著作権法の定める範囲を超え、無断で複写、複製、転載、テープ化、ファイルに落とすことを禁じます。

©2016　藤元裕子

ISBN978-4-7741-8051-9 C3055
Printed in Japan